区域环境气象系列丛书

丛书主编：许小峰
丛书副主编：丁一汇　郝吉明　王体健　柴发合

山东环境气象监测与预报

主编：丛春华
副主编：吴　炜　王文青　陈金敏　韩永清

气象出版社
China Meteorological Press

内 容 简 介

本书将山东省近十年在环境气象方面的科研和业务成果,从实况监测与分析、机理研究与预报、业务建设与合作等三个层面进行了系统的介绍,包括山东省空气质量概况、重污染天气生消机理最新研究成果、激光雷达等新数据资料和人工智能等新技术在环境气象预报预测中的应用、山东省环境气象业务建设最新成果以及部门间有效的合作机制等。

全书共七章,分别是自然地理特征及气候概况;山东省环境气象监测技术;山东省大气环境时空分布特征;山东省环境气象机理研究;山东省环境气象预报技术研究;山东省环境气象部门合作与服务以及山东省环境气象业务及平台建设。

本书将科研成果与业务应用转化紧密相连,深入浅出,实用性强,可供广大环境气象预报人员、相关行业科研人员及高校师生参考。

图书在版编目(CIP)数据

山东环境气象监测与预报 / 丛春华主编 ; 吴炜等副主编. -- 北京 : 气象出版社,2022.1
(区域环境气象系列丛书 / 许小峰主编)
ISBN 978-7-5029-7655-2

Ⅰ. ①山… Ⅱ. ①丛… ②吴… Ⅲ. ①大气环境-空气污染监测-山东②大气环境-气象预报-山东 Ⅳ. ①X831②P457

中国版本图书馆CIP数据核字(2022)第006121号
审图号:GS(2021)8483号

山东环境气象监测与预报
SHANDONG HUANJING QIXIANG JIANCE YU YUBAO

出版发行:	气象出版社
地　　址:	北京市海淀区中关村南大街46号　邮政编码:100081
电　　话:	010-68407112(总编室)　010-68408042(发行部)
网　　址:	http://www.qxcbs.com　E-mail:qxcbs@cma.gov.cn
责任编辑:	王　迪　　　　　　　　　　终　审:吴晓鹏
特邀编辑:	周黎明　　　　　　　　　　责任技编:赵相宁
责任校对:	张硕杰
封面设计:	博雅锦
印　　刷:	地大彩印有限公司
开　　本:	787 mm×1092 mm　1/16　　印　张:16.75
字　　数:	430千字
版　　次:	2022年1月第1版　　　　　　印　次:2022年1月第1次印刷
定　　价:	170.00元

本书如存在文字不清、漏印以及缺页、倒页、脱页等,请与本社发行部联系调换。

山东环境气象监测与预报

编委会

主　　编：丛春华
副 主 编：吴　炜　王文青　陈金敏　韩永清
编写人员（按姓氏拼音排序）：

毕　玮	蔡　鹏	曹玥瑶	崔金梦	董旭光
樊明月	高　理	高留喜	高荣珍	郭俊建
郭庆利	贾　斌	康桂红	李　峰	李　季
李　静	刘　畅	马　艳	孟祥新	任兆鹏
孙兴池	万文龙	王继康	王建林	王　庆
席晓彤	颜海帆	杨　明	杨士恩	尹承美
于丽娟	张佃国	张晓丽	郑　怡	

丛书前言

打赢蓝天保卫战是全面建成小康社会、满足人民对高质量美好生活的需求、社会经济高质量发展和建设美丽中国的必然要求。当前，我国京津冀及周边、长三角、珠三角、汾渭平原、成渝地区等重点区域环境治理工作仍处于关键期，大范围持续性雾/霾天气仍时有发生，区域性复合型大气污染问题依然严重，解决大气污染问题任务十分艰巨。对区域环境气象预报预测和应急联动等热点科学问题进行全面研究，总结气象及相关部门参与大气污染治理气象保障服务的经验教训，支持国家环境气象业务服务能力和水平的提升，可为重点区域大气污染防控与治理提供重要科技支撑，为各级政府和相关部门统筹决策、适时适地对污染物排放实行总量控制，助推国家生态文明建设具有重要的现实意义。

面对这一重大科技需求，气象出版社组织策划了"区域环境气象系列丛书"（以下简称"丛书"）的编写。丛书着重阐述了重点区域大气污染防治的最新环境气象研究成果，系统阐释了区域环境气象预报新理论、新技术和新方法；揭示了区域重污染天气过程的天气气候成因；详细介绍了环境气象预报预测预警最新方法、精细化数值预报技术、预报模式模型系统构建、预报结果检验和评估成果、重污染天气预报预警典型实例及联防联动重大服务等代表性成果。整体内容兼顾了学科发展的前沿性和业务服务领域的实用性，不仅能为相关科技、业务人员理论学习提供有益的参考，也可为气象、环保等专业部门认识和防治大气污染提供有效的技术方法，为政府相关部门统筹兼顾、系统谋划、精准施策提供科学依据，解决环境治理面临的突出问题，从而推进绿色、环保和可持续发展，助力国家生态文明建设。

丛书内容系统全面、覆盖面广，主要涵盖京津冀及周边、长三角、珠三角区域以及东北、西北、中部和西南地区大气环境治理问题。丛书编写工作是在相关省（自治区、直辖市）气象局和环境部门科技人员及相关院所的全力支持下，在气象出版社的协调组织下，以及各分册编委会精心组织落实下完成的，凝聚了各方面的辛勤付出和智慧奉献。

丛书邀请中国工程院丁一汇院士（国家气候中心）和郝吉明院士（清华大学）、知名大气污染防治专家王体健教授（南京大学）和柴发合研究员（中国环境科学研究院）作为副主编，他们都是在气象和环境领域造诣很高的专家，为保证丛书的学术价值和严谨性做出了重要贡献；分册编写团队集合了环境气象预报、科研、业务一线专家约260人，涵盖各区域环境气象科技创新团队带头人和环境气象首席预报员，体现了较高的学术和实践水平。

丛书得到中国工程院院士徐祥德（中国气象科学研究院）和中国科学院院士张人禾（复旦大学）的推荐，第一期（8册）已正式列入2020年国家出版基金资助项目，这是对丛书出版价值和科学价值的极大肯定。丛书的组织策划得到中国气象局领导的关心指导和气象出版社领导多方协调，多位环境气象专家为丛书的内容出谋划策。丛书编辑团队在组织策划、框架搭建、基金申报和编辑出版方面贡献了力量。在此，一并表示衷心感谢！

丛书编写出版涉及的基础资料数据量和统计汇集量都很大，参与编写人员众多，组织协调工作有相当难度，是一项复杂的系统工程，加上协调管理经验不足，书中难免存在一些缺陷，衷心希望广大读者批评指正。

许小峰

2020年6月

许小峰，正高级工程师，博士生导师，中国气象局原副局长，现任中国气象事业发展咨询委员会常务副主任。

本书前言

防治大气污染是保护和改善大气环境、保障公众健康、推进生态文明建设的一项重要任务。山东省毗邻京津冀，是我国第二人口大省，近年来 GDP 稳居全国第三位，能源消耗体量大，所以山东也是大气污染较重的区域之一。大气污染不仅与污染排放密切相关，与气象条件也是密不可分的。中国气象局 2013 年印发了《环境气象业务发展指导意见》，山东气象部门以此为契机建立了环境气象业务体系，并与环保部门合作开展了预报预警业务和决策服务。同时，气象科研和业务工作者在环境气象科学技术领域开展了深入研究，在国内外已有研究基础上，利用激光雷达等新数据资料和人工智能等新技术，取得了大量令人鼓舞的新成果，为环境气象业务和决策服务提供了有力的支撑。

本书整理并吸纳了近 10 年山东气象部门在环境气象领域的新研究成果，共分为七章，分别是自然地理特征及气候概况，山东省环境气象监测技术，山东省大气环境时空分布特征，山东省环境气象机理研究，山东省环境气象预报技术研究，山东省环境气象部门合作与服务以及山东省环境气象业务及平台建设。

全书由丛春华策划和主编，韩永清负责统稿和审查定稿工作。编写大纲经多位专家数次研究讨论确定。各章节主要编写人员为：第 1 章：康桂红、陈金敏、孟祥新、高理；第 2 章：吴炜、张佃国、李峰、贾斌、杨士恩、席晓彤；第 3 章：丛春华、尹承美、高荣珍、刘畅、毕玮、郭俊建、高留喜；第 4 章：丛春华、吴炜、孙兴池、韩永清、王庆、马艳、高荣珍、毕玮、樊明月、李季；第 5 章：万文龙、吴炜、毕玮、尹承美、高荣珍、孟祥新、董旭光、丛春华；第 6 章：蔡鹏、丛春华、王文青、郑怡、韩永清、杨明；第 7 章：丛春华、郑怡、王文青、韩永清。另外，颜海帆、王继康、崔金梦、李德生、周黎明等参加了部分资料处理和分析工作。

书中不乏有对山东大气环境监测、大气污染机理、空气质量预报、影响评估等方面的一些新的认识和新的技术方法，希望借此与国内外同行共同交流，并推动相关成果在环境气象业务领域中的应用，为山东大气污染科学防治提供参考。

本书由山东省自然科学基金重大基础研究项目（ZR2020ZD21）、山东省重点研发计划项目（2016GSF117025）、山东省气象局重点项目（2014SDQXZ01，2018SDQXZ02）、中国气象局预报员专项（CMAYBY2019062）和华东区域协同创新项目（QYHZ201401，QYHZ201813）共同资助，气象出版社黄红丽和王迪编辑在本书编写过程中，多次给予指导和帮助，在此一并表示感谢！

编者
2021 年 9 月

目 录

丛书前言
本书前言

第1章　自然地理特征及气候概况 /001
　　1.1　山东省自然地理特征 /001
　　1.2　山东省气候特征 /002
　　1.3　山东省大雾和霾天气的气候概况 /004
　　1.4　山东省空气质量概况 /005
　　1.5　本章小结 /017

第2章　山东省环境气象监测技术 /019
　　2.1　环境气象监测网建设 /019
　　2.2　雾和霾的遥感监测技术 /020
　　2.3　济南市大气边界层逆温层垂直结构研究 /036
　　2.4　激光雷达在环境气象监测中的应用研究 /041
　　2.5　本章小结 /047

第3章　山东省大气环境时空分布特征 /049
　　3.1　大雾和霾气候特征 /049
　　3.2　海雾时空分布特征 /060
　　3.3　城市大雾和霾天气特征 /063
　　3.4　本章小结 /077

第4章　山东省环境气象机理研究 /079
　　4.1　内陆大雾的生消物理机制 /079
　　4.2　霾生消物理机制 /085
　　4.3　海雾生消物理机制 /092
　　4.4　济南冬季大雾微物理结构特征 /102

4.5　区域性重污染物理机制 /118
4.6　本章小结 /144

第 5 章　山东省环境气象预报技术研究 /147

5.1　环境气象客观预报方法 /147
5.2　城市环境气象预报预警技术 /154
5.3　青岛沿海海雾及能见度精细化预报技术 /165
5.4　LSTM 网络及迁移学习在能见度预报中的应用及评估 /174
5.5　延伸期大气污染潜势预报 /187
5.6　空气质量短期气候预测技术 /190
5.7　气象条件对大气自净能力的影响评估 /191
5.8　本章小结 /203

第 6 章　山东省环境气象部门合作与服务 /205

6.1　气象与生态环境部门业务合作 /205
6.2　环境气象决策服务业务建设 /209
6.3　重大活动环境气象预报服务保障 /223
6.4　本章小结 /227

第 7 章　山东省环境气象业务及平台建设 /229

7.1　山东环境气象发展 /230
7.2　山东环境气象业务建设 /231
7.3　山东环境气象预报预警平台建设 /238
7.4　本章小结 /247

参考文献 /248

第1章 自然地理特征及气候概况

山东省东临黄海，北濒渤海，西连亚欧大陆，省内地形较复杂，受海洋、纬度和地形的影响，各地气候有较大差别。

特别说明：山东省原为17个地级市，2019年将莱芜市并入济南市，山东现辖16地市，部分研究成果已经对外发表，此书中所用数据沿用原科研成果结论，部分地方表述可能仍为山东省17地级市。

1.1 山东省自然地理特征

1.1.1 地理位置

山东省位于中国东部沿海，地处黄河下游，介于 $114°47.5'\sim122°42.3'E$，$34°22.9'\sim38°24.0'N$。境域包括半岛和内陆两部分：山东半岛伸入渤海与黄海之间，东与朝鲜半岛、日本列岛隔海相望，北与辽东半岛相对；西部为内陆，西北与河北接壤，西南与河南交界，南与安徽、江苏省毗邻。全省东西最长约 700 km，南北最宽约 420 km，全省陆地总面积为 15.71 万 km^2，约占全国陆地总面积的 1.64%。

1.1.2 地形地貌

山东半岛三面环海，全省海岸线长 3024 km，占全国的六分之一，仅次于广东省，居第二位。境内中部山地突起，为鲁中南山地丘陵区；东部半岛大都是起伏和缓的波状丘陵区；西部、北部是黄河冲积而成的鲁西北平原区，是华北大平原的一部分。泰山雄踞中部，主峰海拔 1532 m，为全省最高点；黄河三角洲一般海拔 2~10 m，为全省陆地最低处。境内地貌复杂，大体可分为中山、低山、丘陵、台地、盆地、山前平原、黄河冲积扇、黄河平原、黄河三角洲 9 种地貌类型。其中，山地约占全省总面积的 15.5%，丘陵占 13.2%，平原占 55.0%，洼地占 4.1%，湖沼平原占 4.4%，其他地貌类型占 7.8%。

1.2 山东省气候特征

山东省属暖温带季风气候区,季风气候特点明显,四季分明,雨量集中。春季天气多变,多风少雨;夏季盛行偏南风,炎热多雨;秋季天气清爽,冷暖适中;冬季多偏北风,寒冷干燥。本部分资料来源于山东省 122 个国家级地面气象观测站建站以来的观测数据,按照世界气象组织的规定,气候常年值选取 1981—2010 年 30 a 的平均值。

山东省年平均气温 13.4 ℃,最冷月 1 月平均气温 −1.6 ℃,最热月 7 月平均气温 26.4 ℃;极端最低气温 −27.0 ℃(1958 年 1 月 15 日,德州),极端最高气温 43.7 ℃(1966 年 7 月 19 日,曹县);年平均高温日数 6.9 d,年平均低温日数 7.1 d。年平均降水量 641.8 mm,其中夏季 400.4 mm;年平均降雨日数为 73.2 d;日极端最大降水量为 619.7 mm(1999 年 8 月 12 日,诸城)。年平均日照时数为 2391 h。

1.2.1 冬季(12月—翌年2月)

冬季影响山东的天气系统主要是冷锋。它是极地大陆气团和变性极地大陆气团之间的界面,较强冷锋过境后,常常出现偏北大风并引起强烈的降温,当南方暖湿气流较强时也会出现雨雪天气;当青藏高原上有较深的低槽移出,西南气流较强时,南方气旋也会北上影响山东,造成大风和雨雪天气。山东半岛北部在强冷空气影响时,常出现冷流降雪,有时会产生暴雪。

冬季,山东位于强大干冷的蒙古冷高压的东南部,盛行偏北风,气候寒冷而干燥,此时纬度造成的温度南北差异大于海洋影响造成的东西差异,等温线大致呈纬向分布;每年 1 月是蒙古高压最强盛的时期,也是山东全年最冷的月份。

冬季是全年气温最低的季节,全省平均气温为 0.1 ℃,各地在 −1.6 ℃(庆云)~ 2.1 ℃(薛城),分布特点为南高北低,沿海高于内陆。鲁南大部地区在 1.0 ℃ 以上,鲁西北大部、半岛和鲁中部分地区在 −0.5 ℃ 以下,其他地区在 −0.5~1.0 ℃。冬季是全年降水量最少的季节,全省平均降水量为 27.4 mm,各地平均降水量在 11.9 mm(宁津)~ 51.6 mm(文登),分布特点是由西北向东南增多。鲁西北大部在 20 mm 以下,鲁南和半岛部分地区在 40 mm 以上,其他地区在 20~40 mm。

1.2.2 春季(3—5月)

春季是大气环流由冬到夏的转换季节。入春以后,随着太阳辐射日益增强,地面和大气的温度不断增高,蒙古高压强度减弱,向西收缩;蒙古气旋出现频繁,发展强烈,形成南高北低的气压场,所以春季是山东偏南大风出现最多的季节。春季西太平洋副热带高压和大陆热低压势力逐渐增强,暖湿气流较冬季活跃,冷暖气流交绥频繁,降水较冬季明显增多。由于回暖快、风力大、蒸发强,所以常出现春旱。春季冷空气势力虽然减弱,但仍频繁出现,强冷空气南下时，会造成较强的降温并出现晚霜冻或倒春寒。晚春到初夏，地面和低层大气的增温迅速，有时会形成"下暖上冷"的不稳定大气层结，冷空气影响时会产生冰雹等强对流天气。每年4月后，偏南气流将暖湿空气从黄海南部吹向海温较低的黄海中北部，常在海上和山东半岛东部沿海地区形成海雾。

春季全省平均气温为13.5 ℃，各地在8.7 ℃（成山头）～15.6 ℃（济南），分布特点为自西向东递减；鲁南大部、鲁西北和鲁中部分地区在14.0 ℃以上，半岛东部地区在11.0 ℃以下，其他地区在11.0～14.0 ℃。春季全省平均降水量为101.8 mm，各地平均降水量在70.3 mm（德州）～140.7 mm（郯城）；鲁西北部分地区在80 mm以下，鲁南和半岛南部在100 mm以上，其他地区在80～100 mm。

1.2.3　夏季（6—8月）

夏季，山东主要受西太平洋副热带高压影响，其变化直接影响山东的天气，可造成暴雨、强对流和高温高湿天气。夏季来自高纬度的冷空气仍经常南下，西太平洋副热带高压北侧的暖湿气流与冷空气交汇产生大量降水，常常造成区域性暴雨。每年6月中旬到7月上旬，西太平洋副热带高压脊线位于20°～25°N，江淮流域进入梅雨期，梅雨季节后期，山东开始进入雨季。7月中旬西太平洋副热带高压脊线到达30°N附近，华北雨季开始。受西太平洋副热带高压的影响，7月和8月是山东降水量最大、气温最高的月份。8月下旬西太平洋副热带高压开始南撤，雨带随之南退，山东雨季随之结束。夏季受大陆热低压和副热带高压的影响，天气炎热，湿润多雨，同时热带气旋活动会带来大风和降水天气。

夏季是全年气温最高的季节，全省平均气温为25.4 ℃，各地在21.2 ℃（成山头）～26.7 ℃（济南）。夏季因纬度高低造成的南北温差较小，海洋对温度的影响占主要地位，各地气温由西向东降低；鲁南部分地区、鲁中和鲁西北局部在26.0 ℃以上，半岛部分地区在24.0 ℃以下，其他地区在24.0～26.0 ℃。夏季是全年降水量最多的季节，全省平均降水量为400.4 mm，各地平均降水量在303.5 mm（莘县）～555.3 mm（临沭）；鲁西北部分地区、鲁西南和半岛局部在350 mm以下，鲁东南、鲁中部分地区和半岛局部在450 mm以上，其他地区在350～450 mm。

1.2.4　秋季（9—11月）

秋季是大气环流自夏到冬的转换季节。每年9月，西太平洋副热带高压南撤，蒙古高压建立，山东基本上处在极地大陆气团的影响下。10月，蒙古高压加强，地面上已是稳定的冬季环流形势，对流层上部的青藏高压消失，西风带南移，高原南侧的南支西风急流重新建立，高空已基本上为冬季的环流形势。进入秋季，气温明显下降，降水骤减，多秋高气爽天气。当大气环流发生异常时，如在南支低槽和西南气流活跃或西太平洋副热带高压南撤较迟的环流背景下，山东会出现连阴雨天气，或造成秋涝。秋季，强冷空气的爆发也会造成霜冻、低温冷害、寒潮和大风等灾害性天气。

秋季全省平均气温为14.4 ℃，各地在13.2 ℃（沂源）～15.9 ℃（青岛），分布特点为南部高于北部、沿海高于内陆；鲁西北大部、鲁中和半岛部分地区、鲁西南局部在14.0 ℃以下,鲁南部分地区、半岛和鲁中局部在 15.0 ℃ 以上,其他地区在 14.0~15.0 ℃。秋季降水量较夏季明显减少,但多于春季,全省平均降水量为 112.4 mm,各地平均降水量在 75.4 mm(乐陵)~152.1 mm(石岛),分布特点是西北少东南多;鲁南大部、半岛和鲁中部分地区在 120 mm 以上,鲁西北大部、半岛局部在 100 mm 以下,其他地区在 100~120 mm。

1.3 山东省大雾和霾天气的气候概况

本节所用雾和霾日数资料来源于国家级地面气象观测站天气现象观测,当日出现雾或霾,记为雾日或霾日。

山东省平均年大雾日数为 22.2 d,各地大雾日数在 6.5 d(莱州)~87.5 d(成山头),鲁西北和东南沿海地区大雾日数较多;全省平均年霾日数为 5.3 d,鲁中和鲁东南地区霾日数较多,在 10 d 以上(图 1.1)。雾和霾有明显的季节分布特征,秋冬季明显多于春夏季(图 1.2)。全省雾的多发区域存在明显的季节变化,秋冬季雾主要出现在内陆地区,春夏季雾主要出现在东南沿海地区。

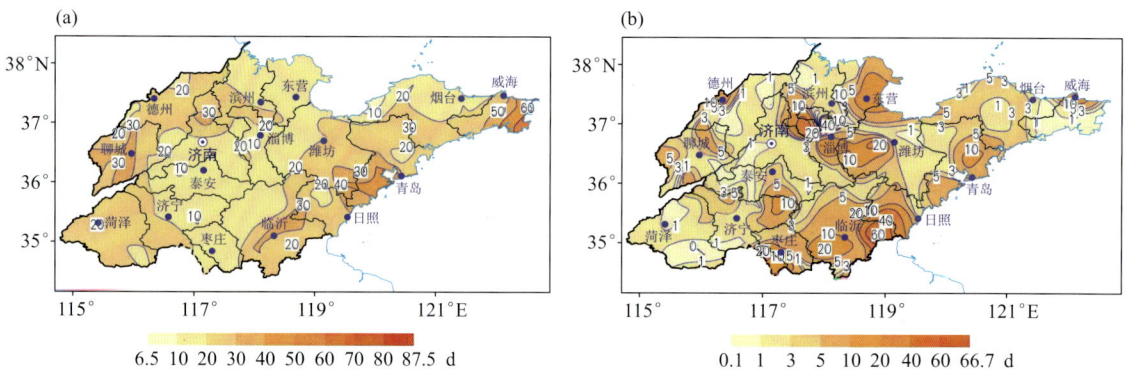

图 1.1 山东省年雾日数(a)和霾日数(b)分布

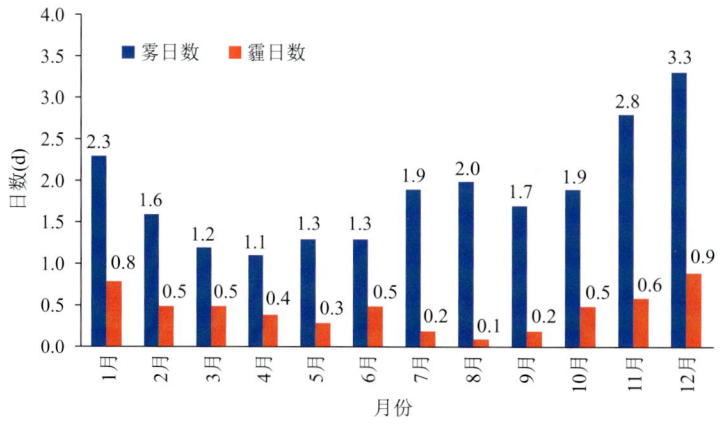

图 1.2 山东省年平均大雾和霾日数逐月演变

1.4 山东省空气质量概况

根据 HJ 633—2013《环境空气质量评价技术规范（试行）》（下文简称《评价技术规范》，2013 年 9 月 22 日发布，2013 年 10 月 1 日执行），目前选入影响环境空气质量评价的污染物主要有 SO_2、NO_2、CO、O_3、PM_{10} 和 $PM_{2.5}$ 六种。依据 HJ 633—2012《环境空气质量指数（AQI）技术规定（试行）》（下文简称《指数技术规定》，2012 年 2 月 29 日发布，2016 年 1 月 1 日实施），空气质量的级别按空气质量指数（AQI）的数值来表示。空气质量等级划分标准为：AQI 值 0~50，空气质量等级为优；AQI 值 51~100，空气质量等级为良；AQI 值 101~150，空气质量等级为轻度污染；AQI 值 151~200，空气质量等级为中度污染；AQI 值 201~300，空气质量等级为重度污染；AQI 值大于 300，空气质量等级为严重污染。通常所说的爆表指 AQI 值大于 500。

本节所用数据为 2013—2018 年全省各地市 144 站空气质量监测网逐日数据。

1.4.1 空气质量等级分布

根据生态环境部《评价技术规范》和以地市为单位计算空气质量各等级出现的日数（下文简称为市日），将地市空气质量各等级日数累计作为全省空气质量各等级出现的市日数，计算各等级出现的市日占 6 a 各地市各等级总市日的比例，来了解山东省全年空气质量状况。

1.4.1.1 空气质量等级占比情况

由山东省空气质量等级占比图（图 1.3）总体来看，山东省全年 51% 的日数空气质量为优良，轻度以上污染的时间占 49%；其中轻度污染占 31%，中度污染占 10%，重度污染占 6%，严重污染占 2%；重度以上污染占 8%。由四季空气质量等级占比图来看：冬季（12 月—次年 2 月）污染严重，全季 39% 的时间空气质量优良，轻度以上污染的时间占 61%，其中轻度污染占 24%，中度污染达到 14%，重度污染达到 17%，严重污染占了 6%。即冬季有 23% 的时间空气质量重度以上污染，是污染最重的季节。其他三季（春季、夏季、秋季）50% 的时间空气质量优良，夏季是山东空气质量最好的季节，重度以上污染市日不足 1%，春季有小于 4% 的时间空气质量污染达到重度以上，秋季有小于 6% 的时间空气质量污染在重度以上。

1.4.1.2 空气质量等级变化

由 2013—2018 年空气质量等级年际变化分布图（图 1.4）可以看出：山东省空气质量明显好转。空气质量优的日数总体呈增加趋势，2014 年有减少，之后增幅非常明显，由 2013 年的 261 市日增加到 2018 年的 537 市日，增幅为 105.7%；空气质量良的日数逐年增加，由 2013 年的 2208 市日增加到 2018 年的 3181 市日，增幅为 44.1%；2013—2018 年轻度污染日数变化不大，维持在 1800 市日左右；中度污染日数在 2013—2018 年间呈逐年减少

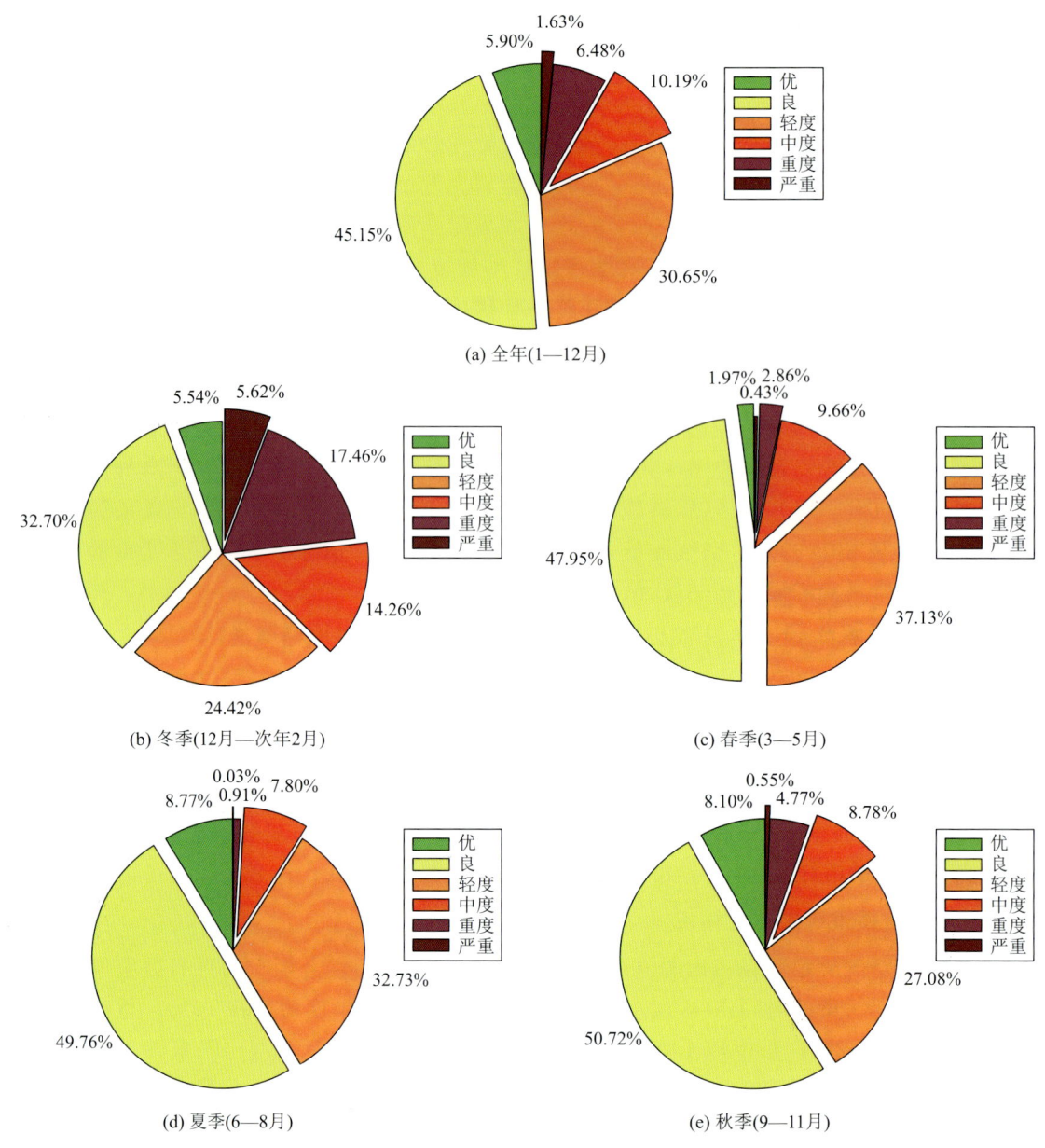

图 1.3 空气质量等级占比
（a）全年，（b）冬季，（c）春季，（d）夏季，（e）秋季

趋势，由 2013 年的 790 市日减少为 2018 年的 438 市日，减幅为 44.6%；重度以上污染日数下降尤其明显，其中，重度污染由 2013 年的 724 市日减少至 2018 年的 189 市日，减幅为 73.9%，严重污染由 2013 年的 313 市日减少至 2018 年的 21 市日，减幅为 93.3%。由以上数据可以看出：2013 年以来国家大力推广节能减排，保护环境减少排污效果显著，中度以上污染由 2013 年的 1827 市日减少为 2018 年的 648 市日，减幅达 64.5%。

1.4.1.3 空气质量等级空间分布

由 2013—2018 年各地市空气质量各等级出现的日数平均值分布情况（图 1.5）可以看出：山东全年多数时间空气质量以良或轻度污染为主。全省空气质量优的日数自西向东逐渐

第1章 自然地理特征及气候概况

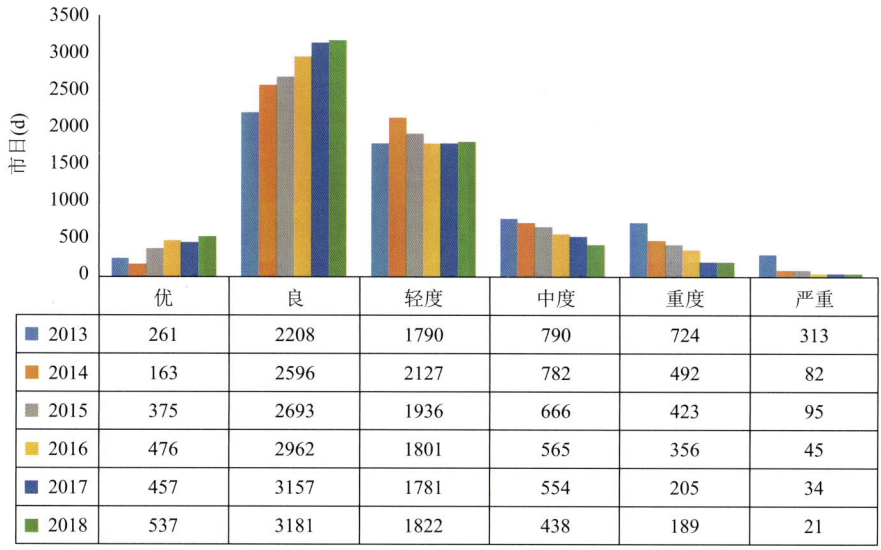

	优	良	轻度	中度	重度	严重
2013	261	2208	1790	790	724	313
2014	163	2596	2127	782	492	82
2015	375	2693	1936	666	423	95
2016	476	2962	1801	565	356	45
2017	457	3157	1781	554	205	34
2018	537	3181	1822	438	189	21

图 1.4 空气质量等级年际变化

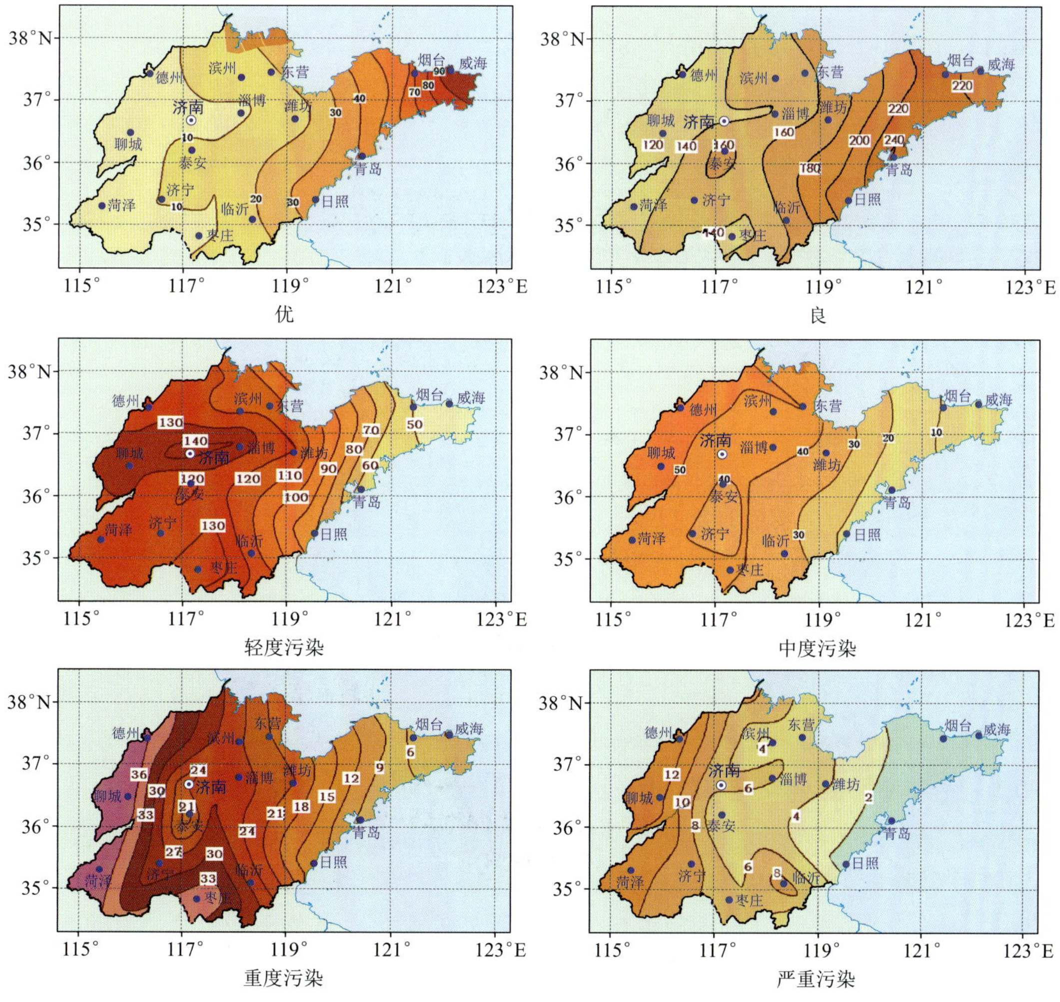

图 1.5 空气质量等级空间分布（单位：d）

增多，半岛地区全年空气质量优至少有 40 d，威海高达 100 d，而鲁西北、鲁西南以及鲁中的西部部分地区空气质量优的日数不足 10 d，聊城仅有 4.2 d；空气质量良的日数同样自西向东逐渐增多，半岛地区全年空气质量良的日数有 200 d 以上，鲁西北和鲁西南地区有 120~140 d。空气质量轻度以上污染的日数自西向东逐渐较少，全省轻度污染日数 50~140 d，鲁西北、鲁西南和鲁中均大于 100 d，济南和淄博大于 140 d，半岛地区不足 60 d。鲁西北地区全年有 50 d 中度污染，半岛地区不足 20 d；鲁西北和鲁西南地区全年有 30 d 以上空气质量重度污染，半岛地区不足 10 d，威海仅有 2.8 d；空气质量严重污染的日数最多的是德州 13.2 d，大于 10 d 的有德州、聊城和菏泽，半岛三地市不足 1 d。

1.4.1.4　空气质量等级年际变化

由 2013—2018 年各地市空气质量等级占比分布图（图 1.6）可见，全省空气质量呈现东部沿海城市明显好于中西部内陆城市的分布态势，东部沿海城市重度以上污染日数不足 8%。内陆城市 2013 年重度以上污染日数高达 31%，截至 2018 年重度以上污染日数减少到 7% 以下。2013 年东部沿海城市优良等级占比在 64%~87%，其他城市在 17%~46%；重度以上污染等级占比，东部沿海城市在 2%~8%，其他城市在 13%~31%。全省优良等级占比总体呈增加趋势，到 2018 年东部沿海城市优良等级占比在 75%~85%，其他城市在 44%~62%。全省重度以上污染等级占比均明显下降，到 2018 年东部沿海城市在 0~7%，其中青岛由 2013 年的 7% 逐年下降到 2017 年的 0.8%，2018 年有所反弹，为 1.4%；其他城市在 13%~30%，其中聊城与菏泽由 30% 降到 7%，降幅为 77%；枣庄由 24% 降到 4%，降幅达到 83%。

1.4.2　空气污染物的空间分布

1.4.2.1　空气首要污染物的空间分布

由各地市首要污染物出现的年平均日数分布情况（图 1.7）可以看出：SO_2、NO_2 和 CO 成为首要污染物的日数总体不多，基本不超过 10 d。SO_2 成为首要污染物主要集中在鲁中地区，尤其是淄博和莱芜，与工业排放污染有直接关系；NO_2 主要分布在淄博、滨州和青岛；CO 成为首要污染物的日数很少，鲁西南和半岛地区基本没有，出现最多的地区是滨州。O_3、PM_{10}、$PM_{2.5}$ 成为首要污染物的日数较多，O_3 成为首要污染物的日数在 80~180 d，分布基本呈自西向东逐渐增多态势。PM_{10} 成为首要污染物的日数在 80~130 d，鲁西北和鲁西南相对较少，鲁中、鲁东南和半岛较多。$PM_{2.5}$ 成为首要污染物的日数在 80~200 d，除半岛地区外，其他地区 $PM_{2.5}$ 是主要污染物，鲁西北、鲁西南和鲁中地区首要污染物 $PM_{2.5}$ 的日数均大于 150 d，德州、菏泽、莱芜出现的日数较多，近 200 d。

1.4.2.2　空气首要污染物的年际变化

由 2013—2018 年各地市空气质量首要污染物日数占比面积（图 1.8）可见，山东空气质量首要污染物以 $PM_{2.5}$、PM_{10}、O_3 为主，而 SO_2、NO_2 和 CO 占比很少。2013—2018 年，山东空气质量首要污染物成分占比发生了明显的变化。首先是 $PM_{2.5}$ 占比明显减少，2013 年污染日中空气质量首要污染物为 $PM_{2.5}$ 的占比：沿海地区在 37%~54%，内陆地区在 48%~82%；德州的空气质量首要污染物为 $PM_{2.5}$ 的占比最高，为 82%。到 2018 年，

第1章 自然地理特征及气候概况

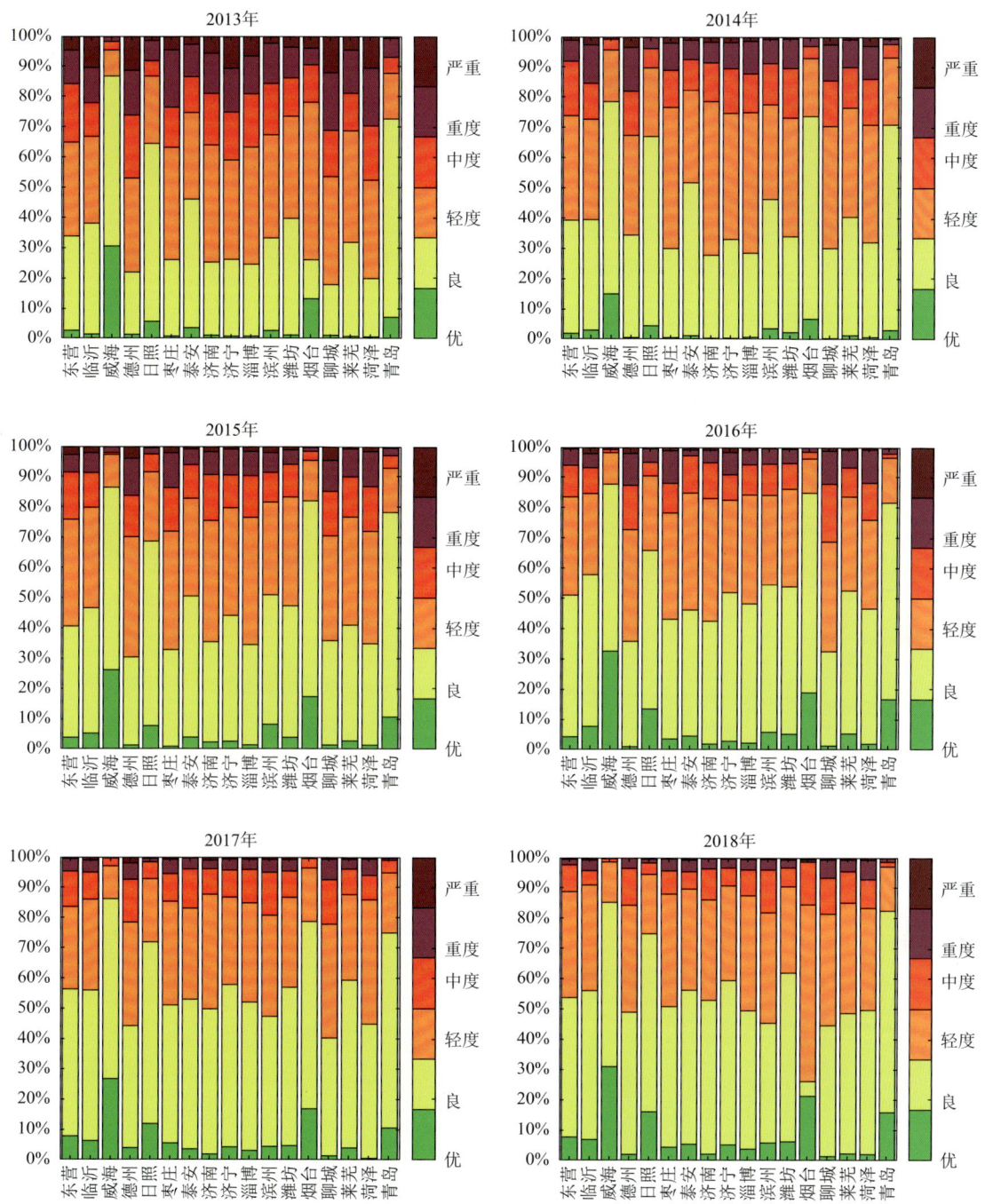

图1.6 2013—2018年各地市空气质量等级占比分布

$PM_{2.5}$作为空气质量首要污染物的日数普遍不到30%，烟台空气质量首要污染物为$PM_{2.5}$的占比最低，仅为8%；而德州也降到了27%，下降幅度达到67.1%。全省来看，$PM_{2.5}$治理效果均非常明显。与此同时，空气质量首要污染物中O_3日数占比由2013年的20%增加到2018年的50%。SO_2首要污染物明显减少，其中2013年有15地市首要污染物出现过SO_2，到2018年只有莱芜一个站出现过首要污染物为SO_2，说明工业污染得到了很好地控制。

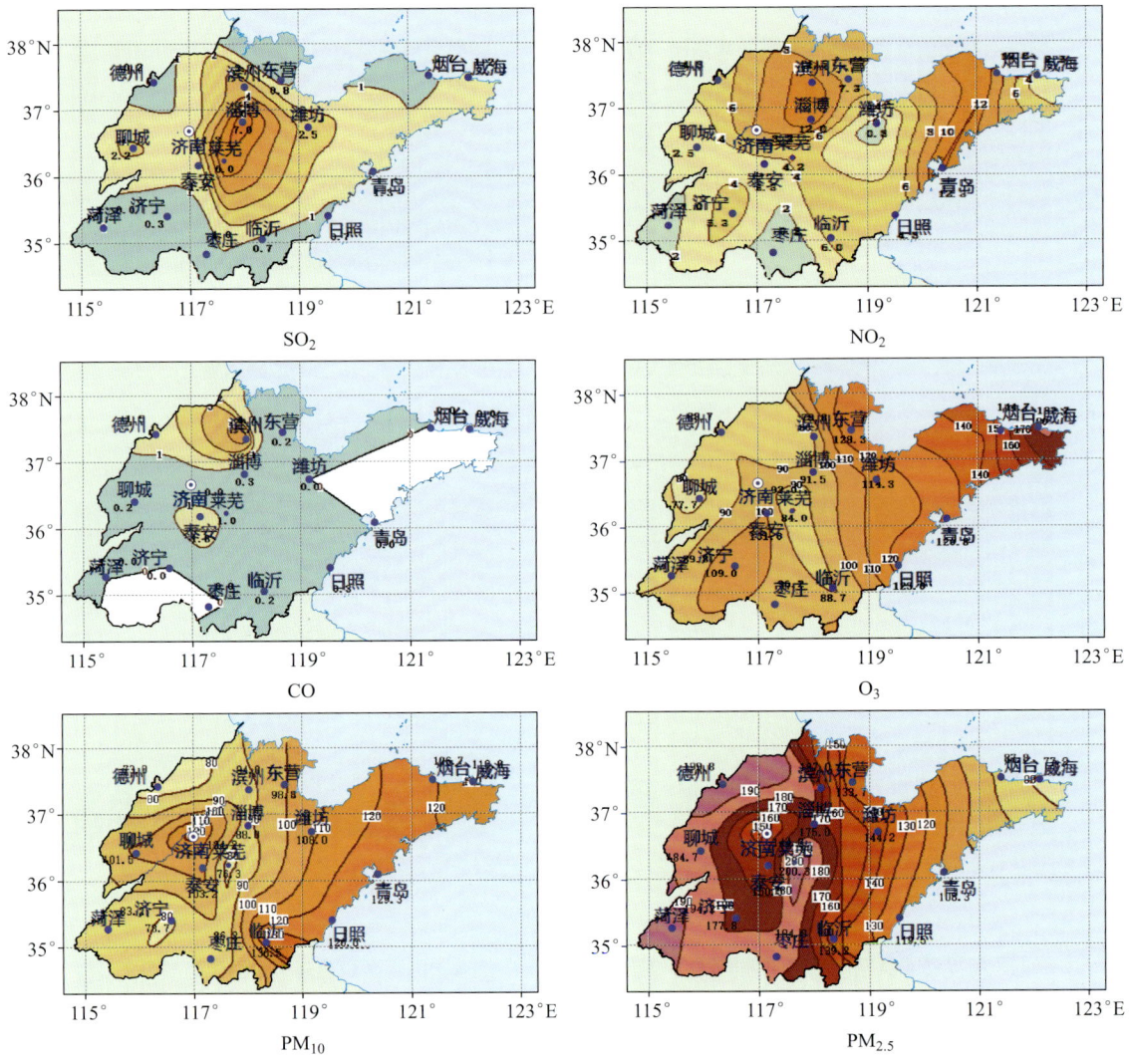

图 1.7 空气质量首要污染物空间分布（单位：d）

NO_2 为空气质量首要污染物的日数虽然出现得很少，但有增加的趋势，由 2013 年 13 个地市增加到 2018 年的 16 个地市，这与汽车的普及面越来越广相对应，说明汽车尾气的治理不容忽视。2013—2018 年 CO 成为空气质量首要污染物的概率一直很低。从各地市空气质量首要污染物中各要素分布情况来看：威海和烟台首要污染物 O_3 增速很快，到 2018 年污染日内一半的时间空气质量首要污染物为 O_3。综合来看，今后的大气污染防治中对于 O_3 的控制成了不可忽视的因素。

1.4.3 空气污染物质量浓度的时空变化

统计分析 2013—2018 年山东省 $PM_{2.5}$、PM_{10}、SO_2、CO、O_3 和 NO_2 六种污染物年平均浓度，对比生态环境部发布的《指数技术规定》中各种污染物达到轻度污染标准（IAQI＞100）的下限，分析不同污染物的空间变化和时间变化。

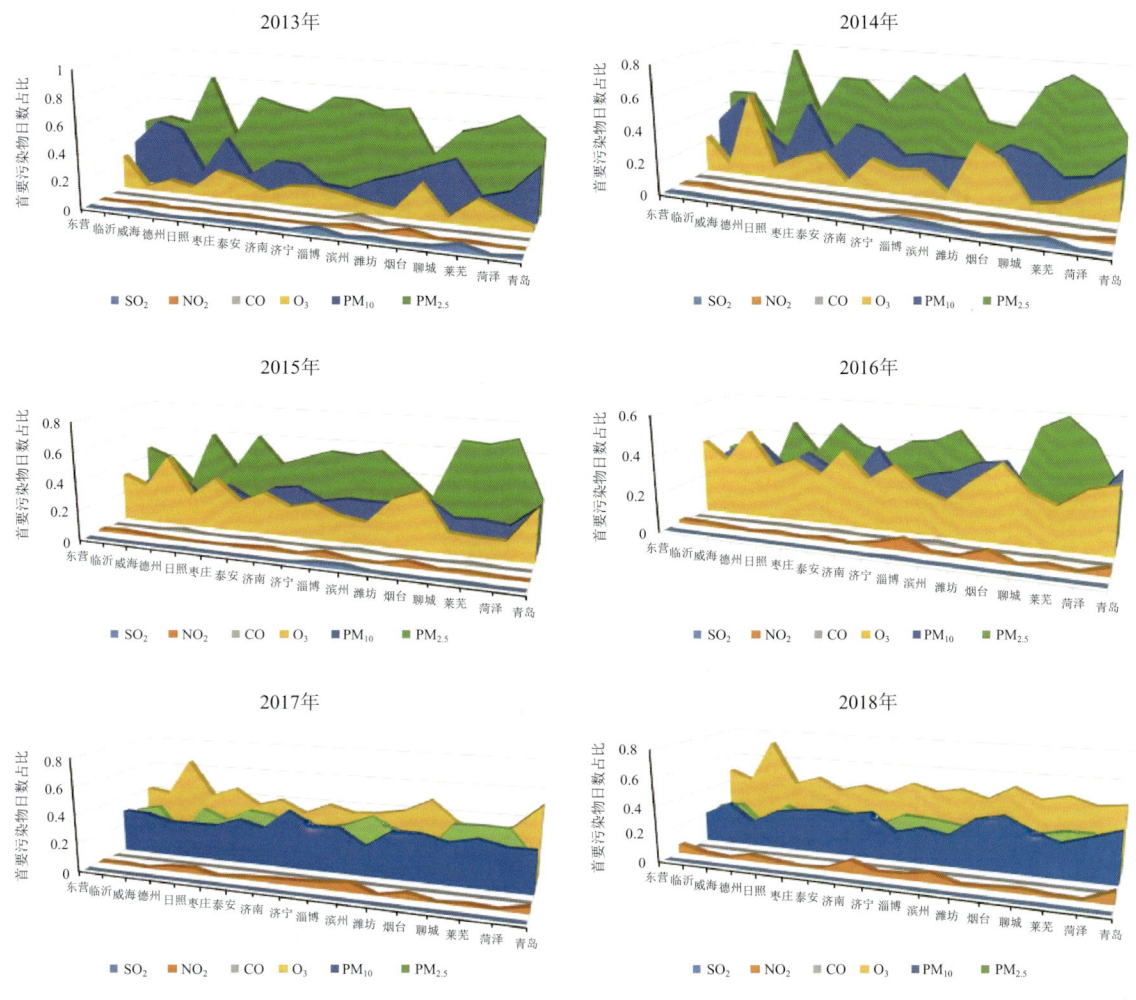

图 1.8 2013—2018 年首要污染物日数占比分布

1.4.3.1 污染物浓度的空间分布

统计分析山东省 17 地市各污染物浓度年平均分布（图 1.9）可以看出：各污染物的空间分布有明显的不同。SO_2 浓度淄博和莱芜明显偏高，淄博最高 108.9 $\mu g/m^3$，莱芜 90.3 $\mu g/m^3$，其次为枣庄 73.3 $\mu g/m^3$；威海最低 22.8 $\mu g/m^3$，烟台、青岛和日照均在 35 $\mu g/m^3$ 左右，其他地市在 50～60 $\mu g/m^3$。由于 SO_2 主要来源为工业生产、生活炉灶与采暖锅炉、废物焚化和交通运输工具等，其空间分布与其来源一致，浓度高的地市均为重工业区。NO_2 浓度 17 地市相差不大，最高的是淄博 62.8 $\mu g/m^3$，其次是临沂 58.1 $\mu g/m^3$，最低的是威海 25.8 $\mu g/m^3$，其他地市均在 40～50 $\mu g/m^3$。CO 主要来源于含碳物质的不完全燃烧过程，是人类活动排放量最大的大气污染物之一。CO 浓度最大值出现在聊城、莱芜、淄博和临沂，半岛地区相对较低，其他地区在 1.1～1.6 mg/m^3。O_3 作为一种典型的光化学反应物，其浓度与太阳辐射强度密切相关。其分布与其他污染物截然不同，最高值出现在威海 90.2 $\mu g/m^3$，其次是潍坊 82.4 $\mu g/m^3$，最低值是泰安 39.4 $\mu g/m^3$，其他地区在 40～70 $\mu g/m^3$。PM_{10} 和 $PM_{2.5}$ 浓度分布基本一致，PM_{10} 浓度除半岛地区（包括青岛、烟台和威海）外，其他区域

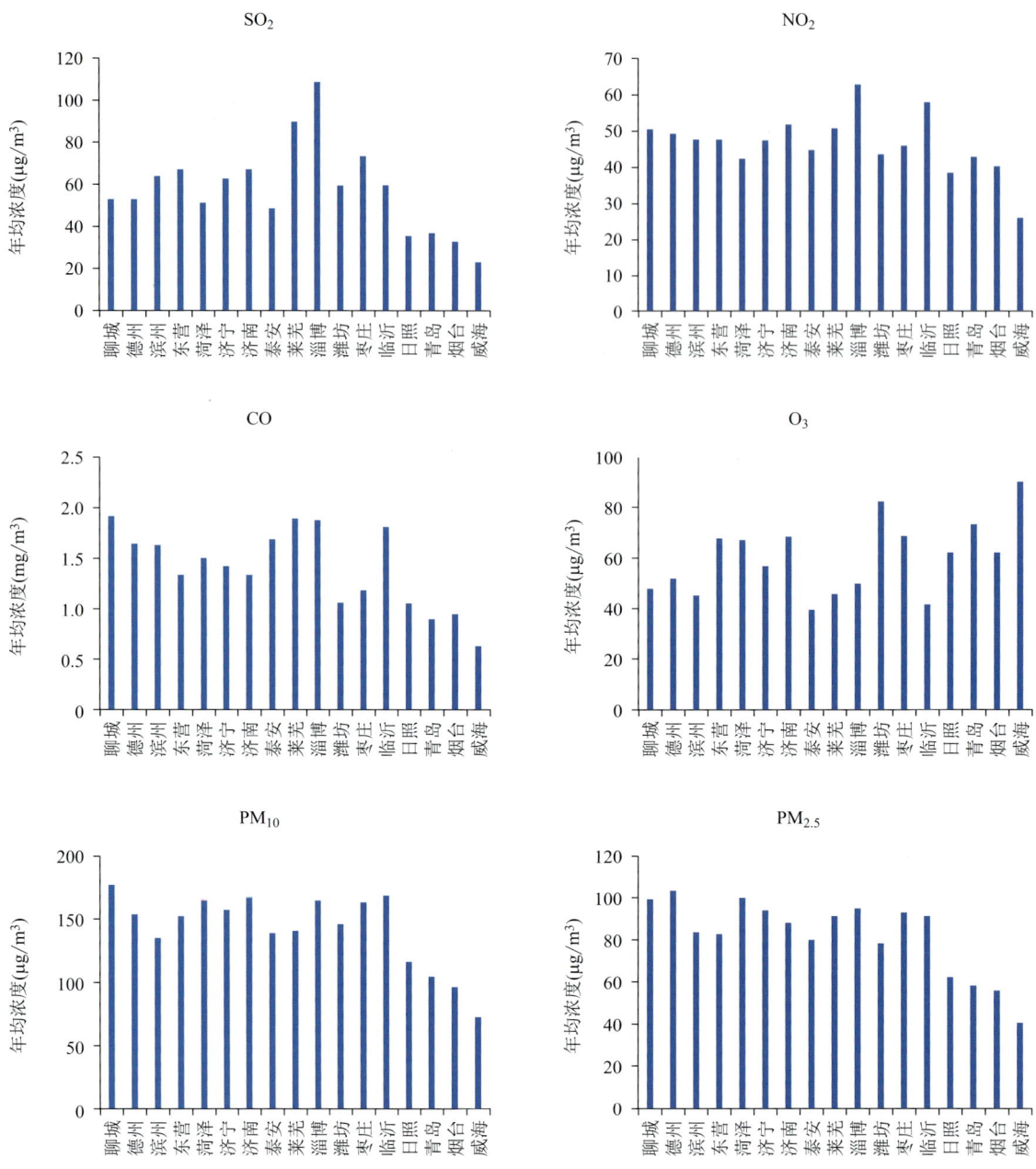

图 1.9 各地市污染物浓度分布

均有高于轻污染标准 150 μg/m³ 的地市。鲁西北地区（包括聊城、德州、滨州和东营）除滨州外，其他 3 市 PM_{10} 浓度均大于 150 μg/m³，聊城 PM_{10} 浓度为 177.0 μg/m³，是全省 PM_{10} 浓度最高的城市；鲁西南地区（包括菏泽和济宁）PM_{10} 浓度均大于 150 μg/m³；鲁中地区（包括济南、泰安、莱芜、淄博和潍坊）5 地市中济南和淄博 PM_{10} 浓度均大于 150 μg/m³，其他地市低于轻污染标准；鲁东南地区（包括枣庄、临沂和日照）除日照外，其他 2 市 PM_{10} 浓度均大于 150 μg/m³。$PM_{2.5}$ 浓度除半岛 3 地市和日照低于轻污染标准 75 μg/m³ 外，其他地市均大于 75 μg/m³；德州和菏泽大于 100 μg/m³，是山东 $PM_{2.5}$ 浓度最高的城市。

1.4.3.2 污染物浓度的时间变化

(1) 污染物浓度的年际变化

由山东省不同污染物年际变化及与轻污染标准对比情况（图 1.10）可以看出：山东省 SO_2、CO、O_3 和 NO_2 四种污染物浓度，2013—2018 年 6 a 间均低于轻污染标准，最大值在标准值的 60% 左右。从年际变化上来看，SO_2 浓度呈逐年减少的趋势，从 2013 年的 70.4 μg/m³ 降到 2018 年的 16.3 μg/m³，降幅为 76.8%。与轻污染标准值 150 μg/m³ 相比，由 2013 年的 46.9% 减少到了 10.9%；氮氧化物被认为是汽车尾气造成的污染，NO_2 浓度 6 a 来变化很小，虽然每辆汽车排污在控制，但由于汽车保有量的增加，为降低 NO_2 浓度增加了困难，由 2013 年的 48.0 μg/m³ 降到 2018 年的 35.7 μg/m³，降幅为 25.6%。CO 浓度呈缓慢下降趋势，从 2013 年的 1.5 mg/m³ 减少到 2018 年的 0.9 mg/m³，降幅为 40.0%。O_3 不是直接

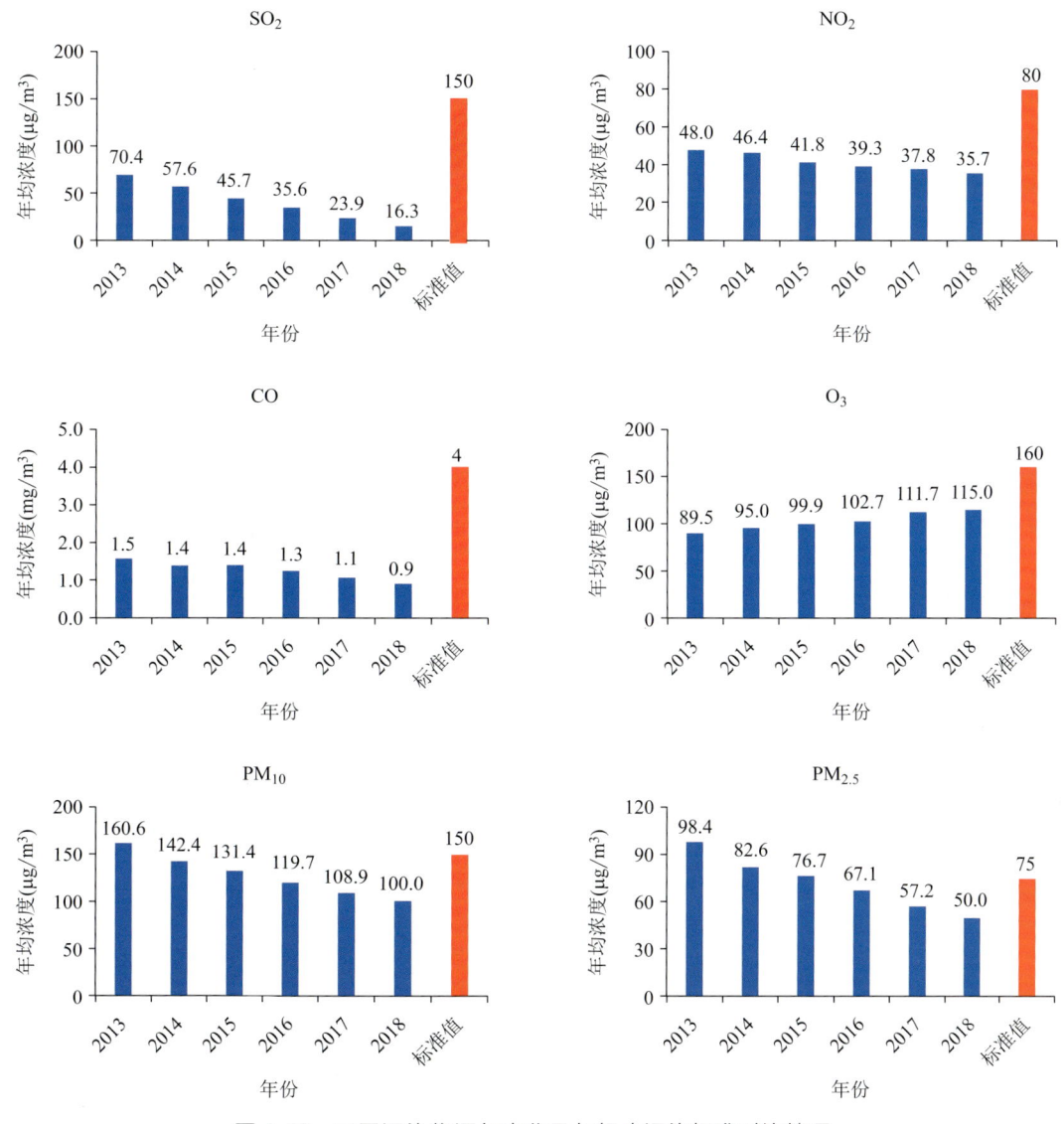

图 1.10　不同污染物逐年变化及与轻度污染标准对比情况

被排放的，而是转化而成的，比如汽车排放的氮氧化物，只要在阳光辐射及适合的气象条件下就可以生成 O_3。它也源于人类活动，汽车、燃料、石化等是 O_3 的重要污染源。2013—2018 年 O_3 浓度呈现增加趋势，由 2013 年的 89.5 $\mu g/m^3$ 增加到 2018 年的 115.0 $\mu g/m^3$，6 a 增加了 28.5%，O_3 成了今后大气污染需要关注的重点，也就是说在工业污染逐渐降低的同时，人类活动造成的污染开始突显出来。2013 年 PM_{10} 浓度比轻污染标准值略偏高，其余 5 a 低于标准值。2013 年是 6 a 间污染最重的一年，PM_{10} 年均浓度高达 160.6 $\mu g/m^3$。2013 年之后国家加大大气污染治理力度，PM_{10} 开始逐年降低，到 2018 年 PM_{10} 年均浓度降到 100 $\mu g/m^3$，比轻污染标准低了三分之一。$PM_{2.5}$ 浓度 2013—2015 年年均值高于轻污染标准，也是山东污染较为严重的主要原因，山东省 90% 的污染日首要污染物是颗粒物，尤其是 $PM_{2.5}$。由 2013—2018 年 6 a 的变化趋势来看：$PM_{2.5}$ 年均值逐年下降，由 2013 年的 98.4 $\mu g/m^3$ 降到 2018 年的 50.0 $\mu g/m^3$，降幅为 49.2%。可以看出，近年来政府治理污染，减少排污量很有成效。

（2）污染物浓度的季节变化

康桂红等（2016）统计分析山东省 144 站环境空气质量逐日数据，由各污染物逐月平均浓度变化情况（图 1.11）可以看出：污染物浓度有明显的季节变化，$PM_{2.5}$、SO_2、NO_2 和 CO 的变化趋势基本一致，均为冬季最大，夏季最小，最大值均出现在 1 月，$PM_{2.5}$、SO_2、NO_2 最小值出现在 7 月，CO 最小值出现在 5 月；PM_{10} 浓度的变化趋势与上述几种污染物基本相同，只是 3 月的 PM_{10} 浓度有一次上升，这与 3 月沙尘天气增多有关，之后逐渐下降，但总体仍然呈冬季最大，夏季最小的趋势，最大值出现在 1 月，最小值出现在 9 月；所以冬季是山东大气污染最严重的季节，而夏季污染较轻。O_3 浓度的季节变化与其他污染物呈反位相，冬季小，夏季大。最大值出现在 7 月，最小值出现在 12 月，所以夏季的首要污染物有时为 O_3。

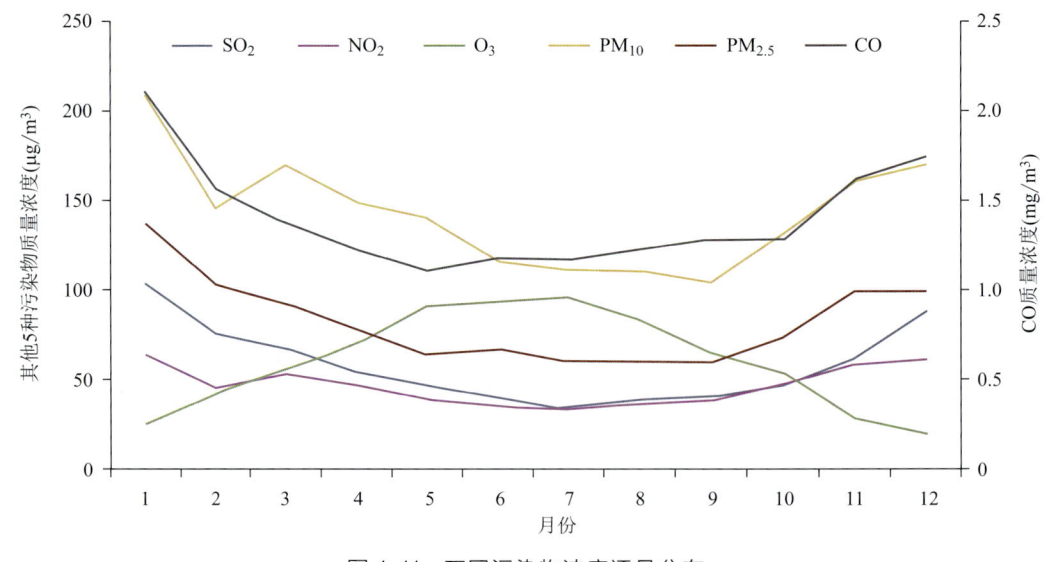

图 1.11 不同污染物浓度逐月分布

（3）污染物浓度的周变化

空气污染物浓度的周变化基本摈弃了周期性气候变化的影响，主要反映周期性人类活动变化的影响。利用济南逐日污染物浓度资料分析污染物周变化情况（图 1.12）发现，除 O_3 外，其他污染物浓度周一均出现峰值，周二减小，周三略有升高，周四再次减小，均出现谷值，周五逐渐增大，SO_2 周日浓度降低，其他污染物周日再次出现峰值。O_3 浓度周前期均较低，周五开始升高，周六出现峰值，周日逐渐减小。综合周变化情况来看，济南周四污染相对最轻，周六到周一污染较重，不宜外出。

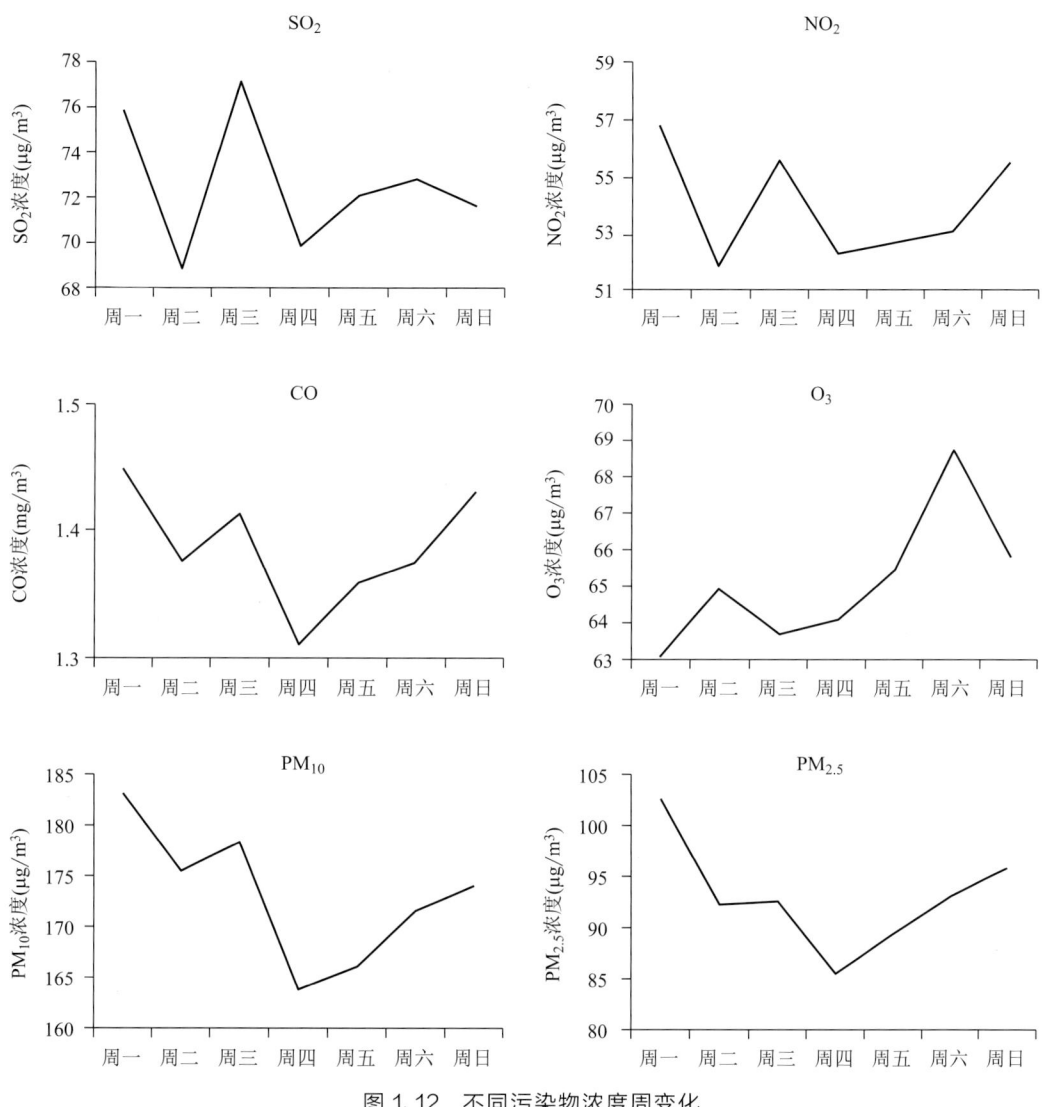

图 1.12 不同污染物浓度周变化

（4）污染物浓度分季节日变化特征

由于山东主要污染物是颗粒物，其中 $PM_{2.5}$ 浓度明显偏高，所以利用济南 $PM_{2.5}$ 浓度逐日资料，按冬季（12 月—次年 2 月）、春季（3—5 月）、夏季（6—8 月）和秋季（9—11 月）进行划分，分析四季污染物浓度日变化情况（图 1.13），可以看出：不论哪个季节，15—17 时 $PM_{2.5}$ 都存在谷值，一年中 15—17 时是每天空气质量最好的时段。而其他时间四季变化明显。

冬季是污染比较严重的季节，$PM_{2.5}$ 浓度日均值在 123~145 $\mu g/m^3$，存在 05 时和 16 时

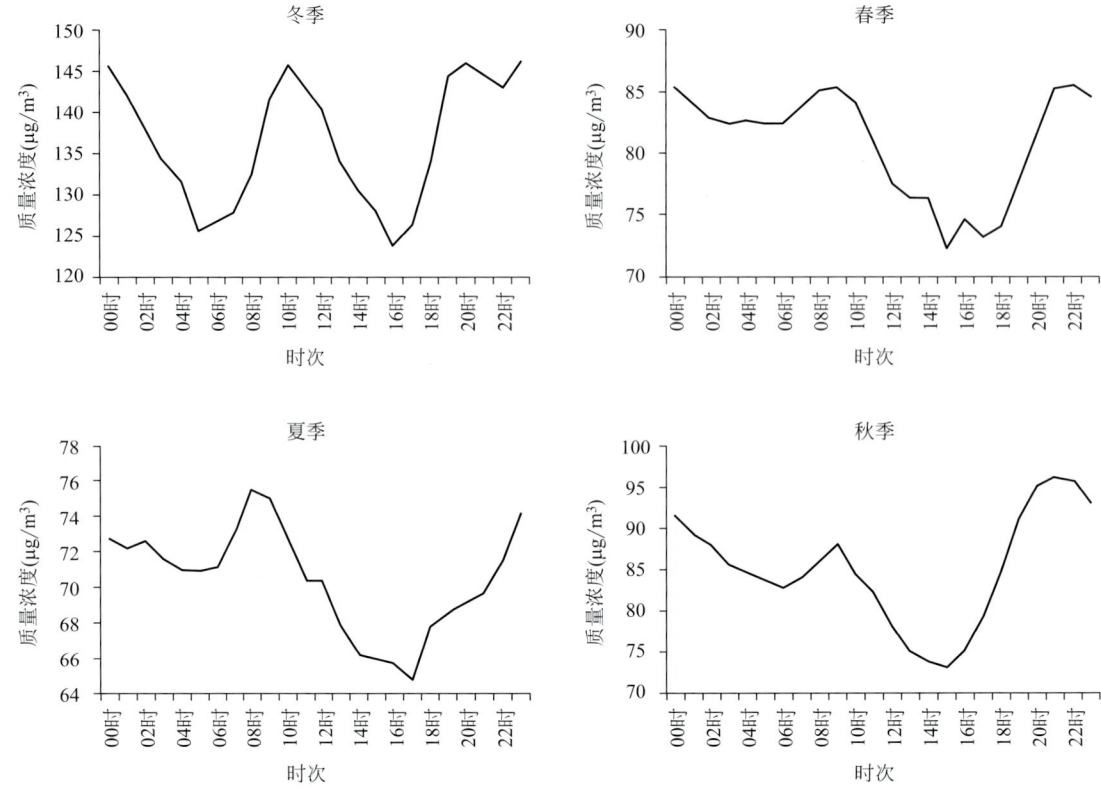

图 1.13 PM$_{2.5}$ 浓度分季节日变化分布

2 个谷值，10 时和 19—24 时 2 个峰值，相对 2 个谷值，下午更低些，但维持时间均较短；而两个峰值的浓度接近，但第二个峰值持续时间较长。PM$_{2.5}$ 浓度变化规律是：00 时开始逐渐下降，05 时到达第一个谷底，之后缓慢上升，08 时开始迅速增大，10 时达到最大，随后逐渐减小，16 时达到全天最小，随后迅速增大，19 时达到峰值，19—24 时 PM$_{2.5}$ 浓度持续维持在较高水平。

春季污染相对较轻，PM$_{2.5}$ 浓度日均值在 72～86 μg/m³，其变化比较缓慢，只有 1 个谷值 1 个峰值。谷值出现在 14—19 时，维持时间较长。峰值较弱，19 时开始浓度迅速增大，21 时到达全天最高，之后一直维持在较高水平，直到 09 时 PM$_{2.5}$ 浓度才开始逐渐下降，14 时达到较低水平。19 时—次日 09 时 PM$_{2.5}$ 浓度变化平缓，始终维持在较高水平。

夏季是全年污染最轻的季节，PM$_{2.5}$ 浓度日均值为 65～75 μg/m³，相差只有 10 μg/m³，有 1 个谷值和 2 个峰值。08 时有一个峰值，是全天最高值；17 时存在一个谷值，08—17 时 PM$_{2.5}$ 浓度逐渐下降，17 时到达全天最低；之后逐渐增大，23 时到达第二个峰值；之后维持在较高水平，06 时开始略有升高，08 时达到全天最高。

秋季是四季中污染较重的季节，仅次于冬季，PM$_{2.5}$ 浓度日均值在 73～96 μg/m³。日变化类似夏季，有 1 个谷值和 2 个峰值。13—16 时有一个谷值，比夏季提前 1 h。15—20 时 PM$_{2.5}$ 浓度逐渐上升，20 时达全天最高。2 个峰值分别出现在 09 时和 20—24 时，第一个峰值浓度较低，且持续时间较短；第二个峰值浓度大，持续时间长，是全天浓度最高的时段。夏季最大值出现在 08 时，秋季最大值出现在 21 时。

污染物的日变化和气象条件的日变化存在一定关系，一年四季 $PM_{2.5}$ 浓度的日变化在 15—17 时均存在一个谷值；温度的最大值则出现在 14—16 时，相对湿度的日变化和温度在位相上完全相反，14—16 时相对湿度最小；风速日变化最大的特征是，各季日平均风速均在午后达到一天中的最大值，夏季达到最大值的时间要明显滞后其他季节，各季节日平均风速均在日出前后达到一天中的最小值。显然，每日午后是扩散条件最好的时期，此时，逆温已经消散，混合层高度达到最高，风速大，湿度小，形成污染物日变化的浓度最低谷。

1.5 本章小结

本章介绍了山东的自然地理特征及气候概况。山东地处中纬度，濒临黄海、渤海，季风气候显著，是我国第二人口大省，GDP 连续多年居全国第三位，同时也是大气环境污染较重的省份之一。山东全省平均年霾日数为 5.3 d，全年 51% 的日数空气质量为优良，重度以上污染占 8%，其中，冬季大气环境污染最重，夏季是全年污染最轻的季节。从空间分布来看，东部沿海地区空气质量好于西部地区。

细颗粒物和 O_3 是山东主要的大气环境污染物，$PM_{2.5}$ 成为首要污染物的日数在 80~200 d，除半岛地区外，其他地区 $PM_{2.5}$ 是主要污染物；O_3 成为首要污染物的日数在 80~180 d，分布基本呈自西向东逐渐增多态势，SO_2、NO_2 和 CO 成为首要污染物的日数基本不超过 10 d。2013—2018 年山东省空气质量明显好转，在 $PM_{2.5}$、NO_2、SO_2 浓度下降的同时，O_3 污染在加重，威海和烟台 2018 年首要污染物为 O_3 的日数超过全年一半。

第 2 章 山东省环境气象监测技术

2.1 环境气象监测网建设

2.1.1 雾、霾和酸雨观测系统

雾和霾的观测属于地面气象观测要素中天气现象要素观测，全省所有国家级地面气象观测站均开展该项目观测。雾、霾的观测多年来一直采用人工现场观测、记录的方式。自中国气象局部署建设能见度观测仪后，雾、霾的观测逐步由自动观测替代人工观测，其观测结论由能见度观测仪观测数据与本站湿度、气温等关联度高的其他气象要素经过视程障碍与天气现象软件自动判别。

酸雨观测最早开始于1989年9月1日，青岛和泰山作为中国气象局布点试点观测。2003年1月1日，临沂、德州、聊城、枣庄、泰安、莱芜、济宁、菏泽、日照、烟台、潍坊、滨州、济南、淄博、东营15个省级自建站点开展酸雨观测。2005年，中国气象局增加了威海、龙口两个观测站，自此形成了全省19个酸雨观测站的业务布局。酸雨观测一直采用人工观测方式，观测员根据酸雨观测规范要求测量有效降水样品的酸度（pH）、电导率值（K值）后，应用业务软件进行数据的传输。

2.1.2 大气气溶胶质量浓度观测系统

2005年1月1日，惠民作为中韩沙尘暴联合监测站点开展PM_{10}质量浓度的观测。2007年6月1日，青岛作为增建的中韩沙尘暴联合监测站开展$PM_{1.0}/PM_{2.5}/PM_{10}$质量浓度的观测。2012年12月15日，济南气溶胶质量浓度观测业务运行。2015年4月1日，烟台、淄博、泰安、威海、枣庄、济宁、潍坊、日照及临近京津冀的德州、聊城、菏泽共11个城市开始$PM_{2.5}/PM_{10}$质量浓度观测系统资料传输；12月11日，济南增建的反应性气体（含臭氧、一氧化碳、二氧化硫、氮氧化物等）观测资料试传。2016年7月10日，东营、泰安、莱芜、临沂、滨州开始$PM_{2.5}/PM_{10}$质量浓度观测系统资料传输。2018年，惠民、青岛观测仪器一并升级，观测项目统一为PM_{10}质量浓度，11月20日开始数据传输。自此，省内大气气溶胶质量浓度观测系统将形成持续一定时间的稳定布局。

2.1.3 卫星遥感监测系统

从 20 世纪 80 年代，山东省气象局开始利用卫星遥感技术开展农业和生态环境等监测业务与服务。1990 年，在省政府的支持下安装了 NOAA 卫星资料接收处理系统。2000 年系统升级改造，增加了 FY-1C/D 卫星资料接收和处理功能。2010 年，建成了 FY-3 卫星和 MODIS 卫星二合一省级利用站，替代了前期的接收处理系统，并于 2014 年对系统进行了升级改造，增加了 FY-3C 卫星资料接收和处理功能。2017 年，在新泰气象局建成了 FY-3 系列（02 批）气象卫星地面应用系统省级利用站。2018 年，在平阴气象局建成了 FY-4 系列气象卫星地面应用系统省级利用站。

截至 2020 年，山东省气象局可实时接收处理 FY-3A/B/C/D、TERRA、AQUA、NPP、NOAA18/19 和 FY-4A 卫星数据。

2.2 雾和霾的遥感监测技术

2.2.1 雾和霾卫星识别反演技术及反演产品

雾是对人类交通活动影响最大的天气之一。在陆地上，大雾不但对高速公路、航空等交通有严重影响，对电力传输等也构成一定威胁；大雾是海洋上主要的灾害性天气之一，近 50 年来，山东海域因雾造成的海事和海难近百起，死亡人数上百人，因大雾，船只不得不在海上抛锚或减速而造成的人力、物力和时间上浪费的事例更是不胜枚举。然而，雾的监测和预报还存在诸多困难，虽然气象台站监测具有精度高等优点，但由于带有能见度监测的站点相对稀疏，还不能有效地监测大雾发生的范围，一直以来对雾的监测缺乏有效的手段。过去气象预报业务人员主要依靠全省有限的人工观测数据进行大雾的预报预警服务，近年来传统的夜间人工观测已经取消，实现了能见度仪自动观测。大雾的卫星遥感反演技术可以有效弥补能见度自动观测之不足，为预报业务人员提供更加准确和精细的夜间大雾监测产品。吴炜等（2017）采用 FY-2F、MTSAT、HIMAWARI-8/9 卫星资料开展对大雾监测，在山东省气象台业务应用，为日常预报业务、港口服务和重大活动保障提供了支撑。

2.2.1.1 资料来源和处理方法

虽然极轨卫星和静止卫星都可用来监测雾，但两者具有不同的特点。极轨卫星轨道低，卫星图像分辨率高，但覆盖范围较小，一颗卫星对于某个地区一般每天只能提供两个时次的产品；静止卫星提供的监测产品分辨率低，但覆盖范围大，时间分辨率高，间隔一般为 1 h，甚至 30 min、15 min。因此，使用静止卫星监测雾更能反映大雾的发生和演变过程。随着 HIMAWARI-8/9 和 FY-4 等新一代静止卫星的发射和应用，静止卫星的空间分辨率和通道数量都大幅度提高，进一步提高了大雾监测的质量。因此，为满足预报和服务的需求，主要采用了静止卫星开展大雾监测技术研究和业务系统开发。使用的资料主要包括：FY-2F、MTSAT-1R/2 和 HIMAWARI-8/9。

MTSAT（MTSAT-1R 和 MTSAT-2）是业务精致气象卫星 GMS-5 的替代者，与 GMS-5 相比，它除了具有更高的分辨率，还搭载了中波红外通道，对于夜间识别雾，区分水云和冰云，探测火山和估算海面气温很有帮助。但是，这个通道本身不能识别大雾，它需要同其他红外通道结合起来才能发挥作用。MTSAT 拥有五个通道：通道 IR1（10.3～11.3 μm）、IR2（11.5～12.5 μm）为长波通道，其中，通道 IR1 常常用来制作红外云图，通道 IR3（6.5～7.0 μm）为水汽通道，通道 IR4（3.5～4.0 μm）为中波红外通道（这是 GMS-5 所没有的），通道 5（0.55～0.80 μm）为可见光通道。除可见光通道分辨率达到 1 km 外，其他通道分辨率均为 4 km，这样的分辨率可基本满足探测大雾分布的需要，尤其是大范围的大雾常常覆盖几百千米的范围。所应用的 MTSAT 卫星遥感资料来源于日本高知大学（http：//weather.is.kochi-u.ac.jp/sat/GAME/）。对于夜间大雾/低层云的监测，本研究主要使用 IR1 和 IR4 两个通道，时间间隔为 1 h，MTSAT 卫星的观测范围为 20.15°S～69.85°N、70°～160°E，其空间分辨率为 0.05°，数据的格点数为 1500×1500。

HIMAWARI-8 是新一代静止气象卫星，日本气象厅自 2015 年 7 月开始投入业务运行，2017 年 3 月起，其备份卫星 HIMAWARI-9 投入运行，这两颗卫星预计都将运行至 2029 年左右。HIMAWARI-8/9 共包含 16 个通道（表 2.1）。

表 2.1 HIMAWARI-8/9 通道信息

波段	通道	中心波长(μm)	分辨率 IFOV(km)
可见光	1	0.46	1
	2	0.51	1
	3	0.64	0.5
近红外	4	0.86	1
	5	1.6	2
	6	2.3	2
红外	7	3.9	2
	8	6.2	2
	9	6.9	2
	10	7.3	2
	11	8.6	2
	12	9.6	2
	13	10.4	2
	14	11.2	2
	15	12.4	2
	16	13.3	2

2.2.1.2 基于卫星资料的夜间大雾自动识别技术

在业务分析和预报中，对夜间雾的监测是十分重要的。一方面，从大多数雾个例中发现，雾往往在夜间发生，能见度在凌晨达到最低，而白天在阳光的照射下，雾往往趋于消散，监测夜间雾是研究雾发生发展规律所必需的。另一方面，目前各级气象部门还缺乏雾短期预报的有效手段，在监测分析观测基础上作出临近和短时预报准确率相对较高。因此，每天早上是发布雾预警的最佳时机，其中，夜间雾的监测产品发挥了十分重要的参考作用。在雾的主观监测中主要用到两种卫星图像产品：红外云图和可见光云图。白天，利用可见光云图并对比红外云图可以较为直观地分辨大雾和层云出现的区域，然而，夜间可见光云图将不再可用，无法基于卫星进行人工判断。因此，实现夜间大雾的客观化自动判识具有十分重要的意义。

在夜间，由于没有太阳辐射的影响，红外通道卫星接收的地气系统辐射仅仅来自目标的发射辐射。如图2.1所示，对于长波红外通道，海洋、雾、不透明的水云（如低层云）、厚的高云的辐射特征类似黑体，其比辐射率接近于1，中波红外通道对于海洋发射辐射仍相当于黑体，那么长波红外和中波红外通道的亮温基本一致，亮温差接近于0。而层云和雾在中红外通道不是黑体辐射，发射系数小于0.9（刘希 等，2008），中红外比长波红外通道亮温低2～5 K；对于卷云区，由于两个通道的比辐射率相差较大，中红外通道的亮温比长波红外通道的亮温高约10 K。综上所述，夜间中红外通道和长波红外的亮温差可以较好地将雾/层云和海洋、晴空区、卷云区分开。

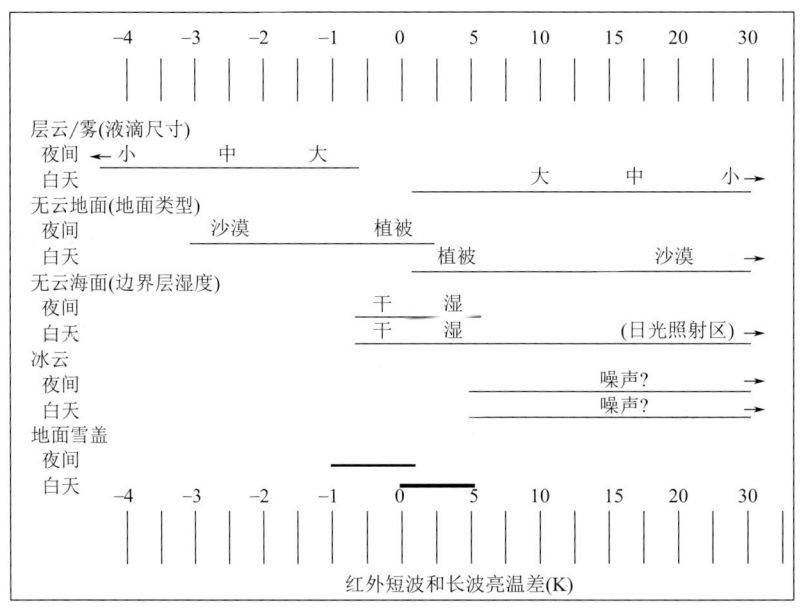

图2.1 白天/夜间不同物质双通道差示意（Lee et al.，1997）

双通道差（DCD）方法已经成为夜间雾监测的主要方法，然而中波红外减去长波红外通道亮温差（SLTD）作为识别雾的主要参数，所使用的阈值是不相同的，该阈值往往需要通过实验来确定，比如：

(1) 墨西哥湾沿岸（Ellrod，1995）：$-4 \sim -2$ K。
(2) 陆地（Lee et al.，1997）：$-3.5 \sim -1$ K。
(3) 黄海（Gao et al.，2007）：$-5.5 \sim -2.5$ K。

利用MTSAT-1R资料，研究了2006—2007年24个黄海海雾个例，并确定$-5.5 \sim -2.5$ K为适合该海域识别海雾/低层云的SLTD阈值（Gao et al.，2009）。针对与山东毗邻的黄渤海海域夜间大雾/低层云区，使用 MTSAT 卫星资料，数值模式预报资料建立了综合判别方法。通过分析研究 2007—2013 年共 61 个海雾个例，经过和大量沿海台站实况数据的比较分析，得出了适合黄渤海海域的 SLTD 阈值：$-5.5 \sim -1.5$ K。另外，还使用了云顶亮温与海面气温之差作为识别大雾的补充判据。雾的厚度一般以 200～400 m 居多，部分锋面雾、平流雾也可达 600 m 以上，大雾的温度垂直梯度小于 0.005 ℃/m（逆温雾除外），否则雾将抬升并转化为低云，所以雾顶温度与雾底温度一般相差不超过 4 ℃。考虑到 MM5 模式地面/海面温度预报与实际温度的差异等因素，雾顶温度也应该大于地面/海面温度减去 10 K，从而可据此将云区和雾区分离开来。黄渤海海区雾/低层云的综合判别阈值如表 2.2 所示。

表 2.2　MTSAT 夜间大雾/低层云判别标准

判断标准	说明
$1.5\ \text{K} \leqslant T_{IR1} - T_{IR4} \leqslant 5.5\ \text{K}$	长波红外和中红外通道亮温之差
$T_{MM5} - T_{IR1} \geqslant 10\ \text{K}$	判定为高云

除使用 MTSAT 卫星外，吴炜等（2017）还基于 FY-2F 卫星开展山东夜间大雾监测研究。FY-2F 卫星数据来源于中国气象局通过 CMACast 系统下发的全圆盘标称数据文件，包含长波红外、水汽、中红外和可见光等多个通道数据，其红外通道空间分辨率为 5 km，可见光通道为 1.25 km，时间间隔一般为 1 h。选取卫星观测数据的范围为 30.0°～40.0°N、110.0°～125.0°E。对于夜间大雾/低层云的监测，采用了与 MTSAT 卫星相同的技术方法，但是 SLTD 阈值存在一定差异（表 2.3）。

表 2.3　基于 FY-2F 和数值模式的山东夜间大雾/低层云判别标准

判断标准	说明
$0\ \text{K} \leqslant T_{IR1} - T_{IR4} \leqslant 3.3\ \text{K}$	判定为雾/低层云
$T_{MM5} - T_{IR1} \geqslant 10\ \text{K}$	判定为高云

FY-2F 卫星和 MTSAT 卫星在大雾识别中的对比分析表明：使用这两颗卫星都可以实现对山东大范围雾区的判识。但由于探测仪器的不同，两颗卫星的判识阈值存在一定差异，对于业务应用而言，FY-2F 卫星资料在获取实效和稳定性等方面有一定优势。另外，两颗卫星对轻雾都基本没有判识能力。

自 2010 年起，吴炜等（2011）研发建立了夜间大雾自动识别业务系统，在夜间时段逐小时提供大雾监测产品，在大雾预报预警中发挥了重要的支撑作用。以下通过历史个例，分析大雾监测的效果。

2014 年 9 月 18 日夜间，受均压场影响，除鲁中的北部和半岛北部地区外，全省大部地区出现大雾天气，局部能见度小于 50 m。由于夜间缺乏人工观测，由全省自动站监测来看，自 20 时（北京时，下同）以后，山东大部分地区已经出现轻雾，并且在鲁西南和鲁西北的西部地区部分地区出现大雾。随着夜间温度的逐渐下降，雾区逐步扩大，到 19 日 08 时，除鲁中的北部和半岛北部地区外，都出现了大雾天气。19 日 10 时以后，随着温度的升高，全省大雾逐渐消散。

2014 年 9 月 18 日 20 时（图 2.2），由卫星监测来看，在鲁西南和鲁中西部的局部地区，出现了成片的雾,通过自动气象站监测来看,山东大部分地区出现了能见度不足10 km的轻雾,其中鲁西南、鲁西北的西部和鲁中地区的局部地区出现能见度不足1 km的雾,与卫星监测结果吻合较好,但两颗卫星对于轻雾都没有判识能力。

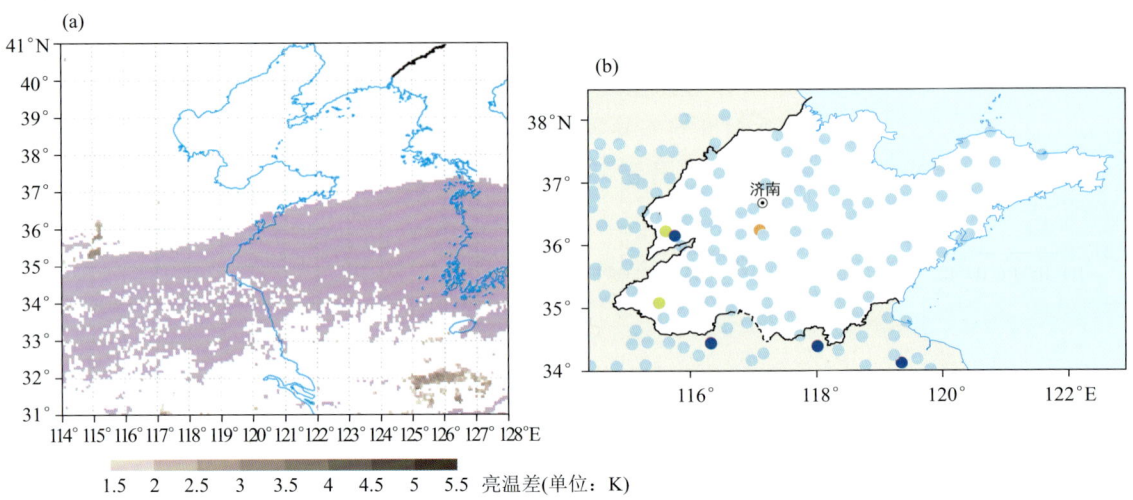

图2.2 2014年9月18日20时雾监测(a)MTSAT;(b)自动气象站(a中紫色为云区,浅蓝色代表轻雾,蓝色代表大雾,黄色代表浓雾,橙色代表强浓雾)

18日23时(图2.3),随着夜间辐射降温,由自动站的能见度监测来看,鲁西南、鲁西北的西部地区雾区进一步扩大,能见度下降到0.1 km。由于资料的缺失,FY-2F卫星无监测产品。由MTSAT卫星监测产品来看,对上述地区的雾区都能有较好的判识,另外对潍坊市的雾区也有判识。

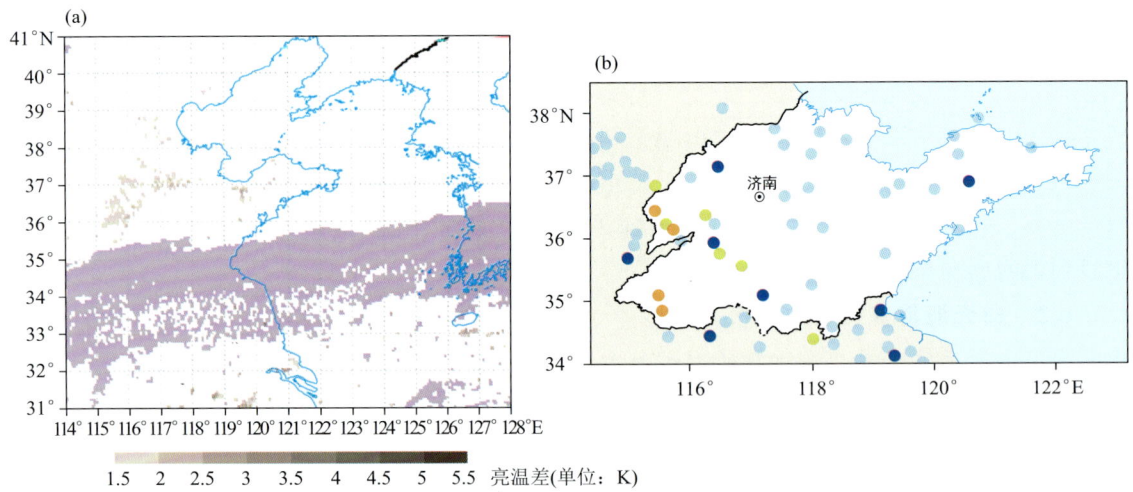

图2.3 2014年9月18日23时雾监测(a)MTSAT;(b)自动气象站(a中紫色为云区,浅蓝色代表轻雾,蓝色代表大雾,黄色代表浓雾,橙色代表强浓雾)

从19日02时(图2.4)开始,随着夜间温度的进一步下降,山东的大雾区域明显扩大,多地能见度不足百米。除鲁西北和鲁南地区以外,鲁中东部和半岛的部分地区也出现了大雾天气。到19日05时(图2.5),最终发展到覆盖全省大部分地区的大雾天气过程。

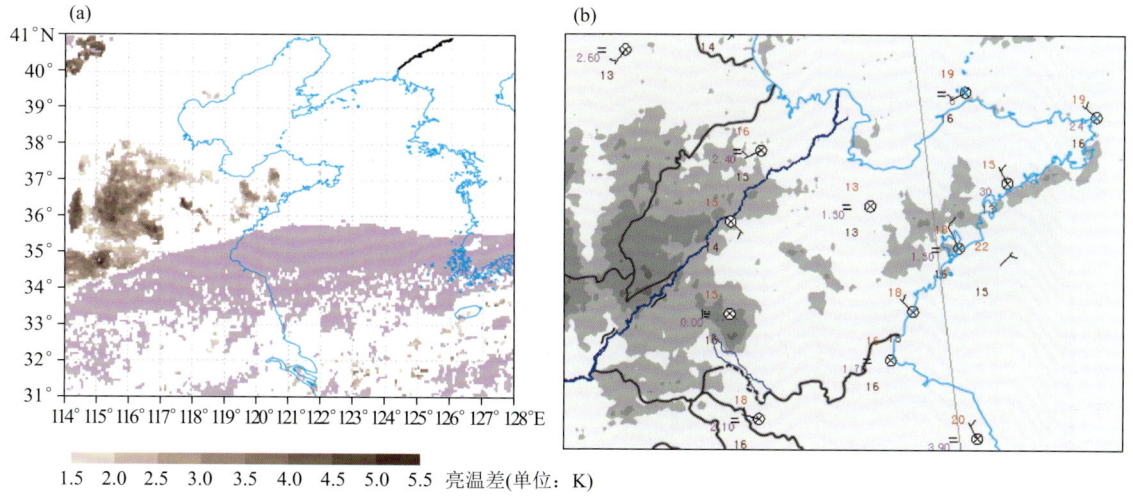

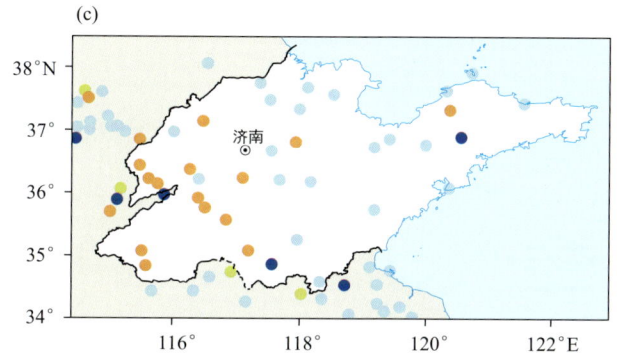

图 2.4　2014 年 9 月 19 日 02 时雾监测（a）MTSAT；（b）FY-2F；（c）自动气象站
（a 中紫色为云区，浅蓝色代表轻雾，蓝色代表大雾，黄色代表浓雾，橙色代表强浓雾）

19 日 06 时以后，随着太阳辐射的影响，双通道差法不可用。但此时，可以通过卫星资料可见光通道实现对大雾区域的监测，尤其是 FY-2F 卫星，可以提供分辨率为 1.25 km 的高分辨率可见光图形，对于大雾的影响区域和消散都可以更加精细地判断。由 FY-2F 卫星高分辨率可见光云图（图 2.6）可以看出，卫星反演产品的大雾范围（图 2.5a）和可见光云图（图 2.6）的雾区范围吻合度较高，除鲁西北的西部和鲁西南地区的大范围雾区外，对鲁东南和半岛内陆地区小范围雾区也有较高识别能力。

2.2.1.3　白天海雾自动识别技术

在白天海雾识别方面，以往的研究主要采取两类方法：一是图像特征识别方法；二是数值分析方法，如主成分分解法（将三个红外通道进行主成分分析，其中第二主成分作为判别雾的阈值）。以上两类方法各有优缺点，吴炜等（2017）结合两类方法基础上，提出了新的白天大雾识别方法：

第一步，计算 IR1 通道的标准差 σ，以 $\sigma<0.8$ 作为雾的阈值。

第二步，根据不断变化的太阳高度角和方位角，动态计算可见光通道阈值，亮度超过阈值的判断为大雾。

第三步，使用 IR1 亮温消除云（动态确定阈值，消除季节影响）。

自 2015 年开始，随着白天大雾自动识别系统研发成功，山东省气象部门实现了对大雾

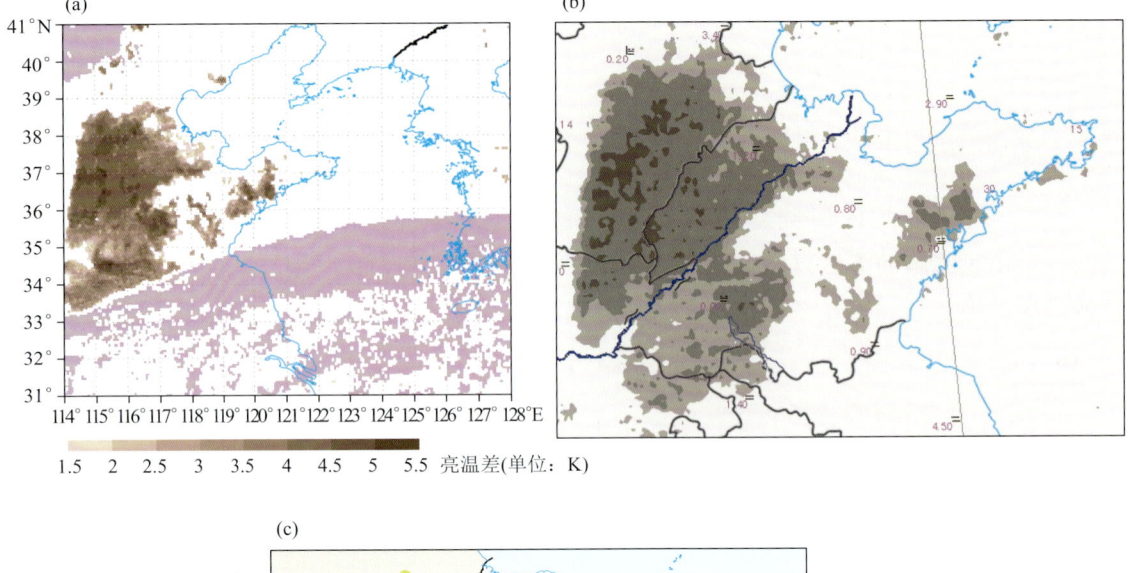
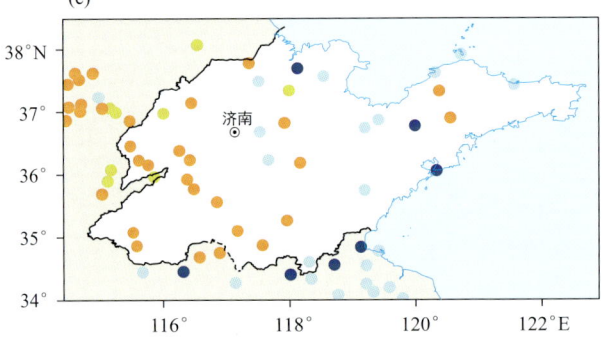

图 2.5 2014 年 9 月 19 日 05 时雾监测（a）MTSAT；（b）FY-2F；（c）自动气象站
（a 中紫色代表云区，浅蓝色代表轻雾，蓝色代表大雾，黄色代表浓雾，橙色代表强浓雾）

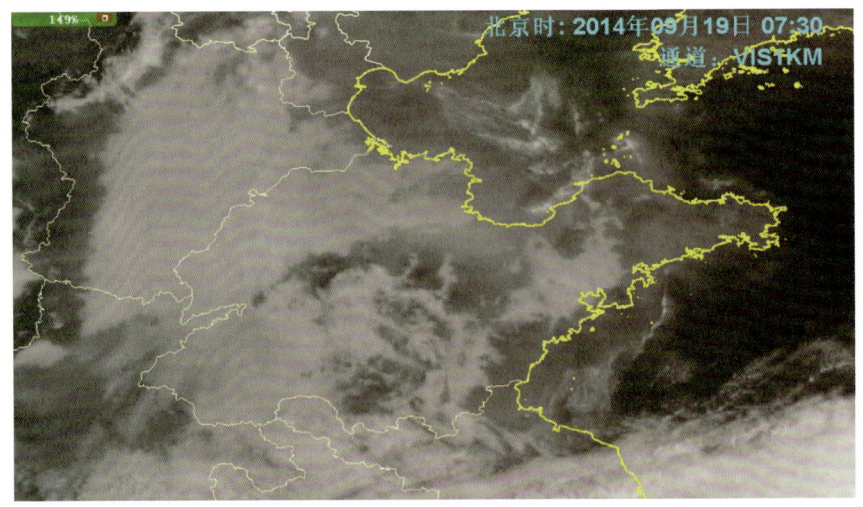

图 2.6 2014 年 9 月 19 日 07 时 30 分 FY-2F 可见光云图

的全天候卫星反演，逐小时提供反演产品，进一步提高了大雾的监测预警能力。以下是白天大雾监测的个例。

2016年2月27日，山东半岛的潍坊、青岛、日照及南部沿海出现大雾天气（图2.7d），能见度小于1km，沿海区域相对湿度均在100%，鲁中、鲁西北和鲁南的部分地区出现了较为严重的霾。在可见光云图（图2.7b）上，雾区、霾区、云区交织在一起，红外云图（图2.7c）上，霾区几乎不可见，除高云的亮度明显偏高外，云区的亮度和雾区亮度接近，依靠主观判断，难以准确地将雾区与霾区和云区分开。而大雾自动识别系统，根据阈值综合判断，给出了清晰的雾区（图2.7a），与地面实况观测资料（图2.7d）进行对比发现，大雾区域判断准确。

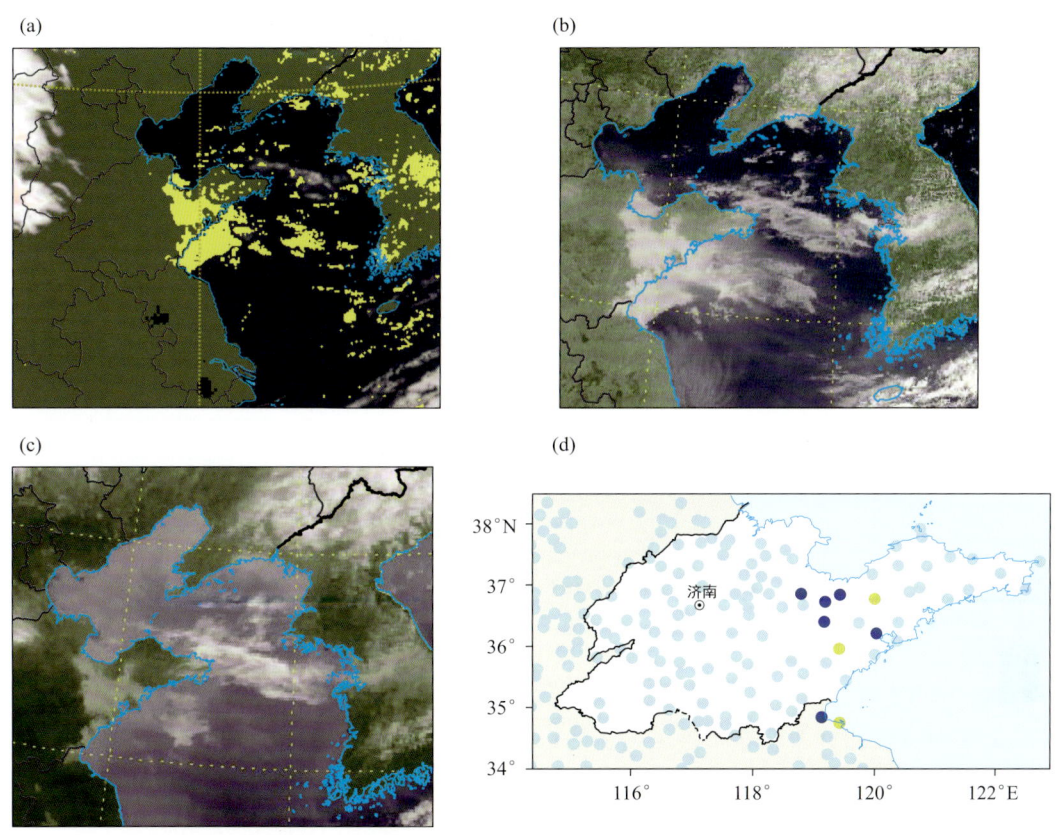

图2.7 2016年2月27日10时大雾监测（a）HIMAWARI-8反演；（b）可见光云图；（c）红外云图；（d）自动气象站（a中浅蓝色代表轻雾，蓝色代表大雾，黄色代表浓雾）

2.2.1.4 霾的识别

环境空气质量地面实况监测主要集中在城市中，近年来县级城市中空气质量监测站点也在不断增加，而广大的农村以及人口稀少的区域，缺乏空气质量监测。因此，现有的监测站点分布仅能提供离散分布的城市空气质量信息，无法得到霾和空气质量的整体空间分布状况。借助卫星监测，无论是主观判断或者客观反演，在一定程度上能够弥补这一缺陷，帮助业务和科研人员了解霾的空间分布状况。因此，为了监测大气污染的分布和传输，急需一种霾的卫星识别方法。

静止卫星监测具有时间连续、覆盖面大等特点，但依靠卫星开展对霾的监测十分困难，主观比对不能给出确切的判断,自动识别难度很大,主要是由于霾和云、雾的特征十分接近,尤其是当共存的时候,更加难以区分。

近年来,研究人员使用 HIMAWARI-8 静止卫星,利用 Advanced HIMAWARI Imager(AHI)多光谱、高时空分辨率的特点进行霾的识别,取得了一定的进展。利用卫星识别霾,要同时识别和分离晴空、云和霾,还要消除云边界、碎云等的影响。以往的研究中,在晴空、云的识别方面不同的研究者提出了多种方案(Richard et al.,2008;Steve et al.,1998)。Shang 等(2017)认为霾出现在近地面,并在低海拔平原和盆地聚集,而云主要生成在较高的海拔高度,提出了一种基于 HIMAWARI-8 的云、霾检测方法(HCHM 方法),该方法在确定阈值区分霾和云的过程中,引入海拔高度信息,并认为发现结合地标高度资料和传统的因子,如 $R_{0.86}/R_{0.64}$,$R_{0.86}/R_{1.6}$ 和 $BT_{11}-BT_{3.9}$,能够提高区分云和霾的准确度。

吴炜等(2020)在以上研究的基础上,提出了新的改进算法(图 2.8),加强了云区边界检测、晴空区的判断,弥补了对平原和盆地区域霾判识能力的不足。

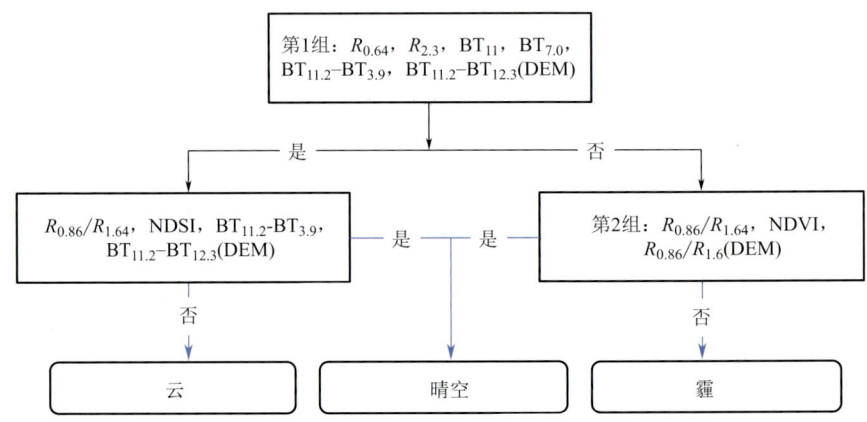

图 2.8　基于 HIMAWARI-8 观测资料的霾判别流程图

2018 年 2 月 28 日,京、津、冀、鲁、豫出现明显的污染(图 2.9),利用 HIMAWARI-8 卫星资料,对 12 时(北京时)的霾分布进行了反演。结果表明,本方法能够识别并给出晴空区、云区和霾区的分布。除了被云覆盖的区域外,霾的分布与发生明显污染的区域有较好的一致性。除以上地区外,对四川盆地的霾识别基本正确,但对湖北一带识别出的霾可能存在误判。

总之,使用卫星资料能够快速识别霾的空间分布和连续跟踪其变化,虽然该方法对霾的判断取得了较好的效果,但仍需要在后续的研究中持续加以改进。

2.2.2　风云极轨气象卫星霾遥感监测

霾是大量极细微的干尘粒等均匀地浮游在空中,使水平能见度小于 10 km 的空气混浊现象,其来源有风沙尘土、火山爆发、森林火灾等自然原因,也有工业排放、建筑扬尘、汽车尾气、垃圾焚烧以及生活废气等人为原因(吴兑,2005)。山东省随着经济发展,机动车保有量与建设项目不断增多,霾污染问题日益突出,包括山东省在内的京津冀及其周边地区已成为全国霾污染严重的地区之一。

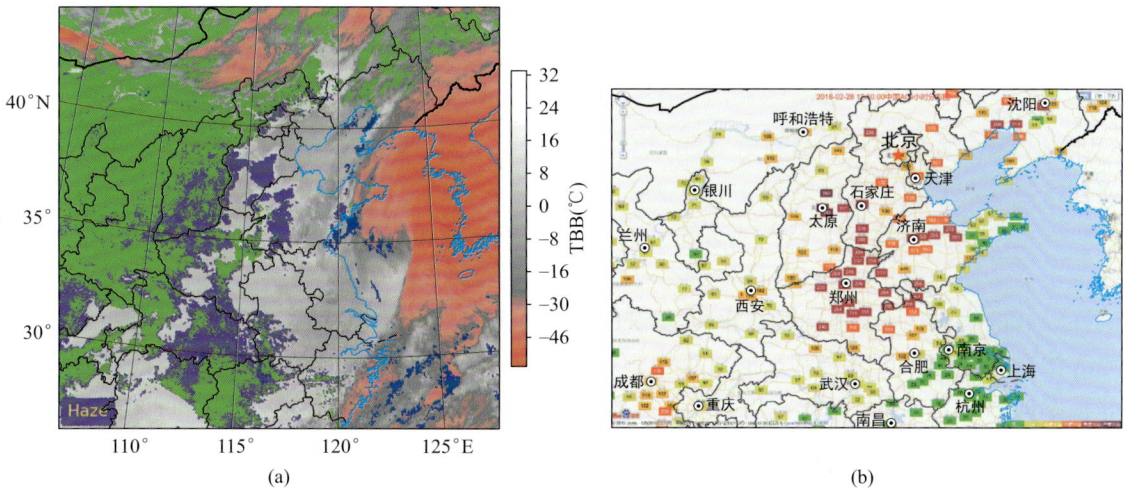

图 2.9　2018 年 2 月 28 日 04 时基于 HIMAWARI-8 观测到的霾分布（a，紫色为霾，灰色至红色为云，绿色和蓝色分别为陆海晴空区）和 AQI 分布（b）（引自 https://www.aqistudy.cn/）

2.2.2.1　国内外对霾的遥感监测研究进展

大气环境监测能力建设为霾污染研究提供了较好的数据基础，但现阶段受制于监测经费和场地条件制约，针对霾污染开展多项目自动监测的超级站数据相对有限，难以反映区域范围内大气环境质量状况。卫星遥感技术具有覆盖范围广、快速实时、动态高效等优势，并且可以获得区域二维空间数据，对地面监测结果形成有效补充。从环境管理需求来看，霾污染遥感监测业务化应满足数据快速获取，反演模型算法尽可能高效，不能依赖太多的参数和支撑数据，计算时间不能过于漫长，监测结果能宏观准确地反映区域霾污染颗粒物分布情况等条件（牛志春 等，2014）。目前，国内外学者对霾污染遥感监测原理及反演算法进行了大量研究。许多学者从霾的物理化学组成、光学特性、垂直与水平分布等方面展开了研究，而对霾的监测方法和提取指标研究较少。从国内外关于霾的遥感监测研究文献来看，主要监测方法可归并为三大类：基于光谱特征差异的图像变换与霾指数提取，利用气溶胶光学厚度直接监测与估算大气颗粒物浓度间接监测，综合光学传感器与激光雷达遥感数据的霾垂直与水平分布特征立体监测（向嘉敏 等，2019）。

利用遥感技术进行霾监测，与大气气溶胶以及大气颗粒物监测研究紧密相关（毛节泰 等，2002）。20 世纪 70 年代中期，国外开始利用卫星遥感数据监测气溶胶光学特性及其时空分布。20 世纪 90 年代，国外学者开始了霾的卫星遥感监测研究，Siegenthaler 等（1995）利用 NOAA/AVHRR 遥感数据研究瑞士低地夏季烟霾期霾，发现卫星传感器接收到的天空光信息与对流层底部的霾和轻雾有关。20 世纪 90 年代后期，国内学者基于国内外多源卫星数据，逐步开展霾遥感监测及应用研究（向嘉敏 等，2019）。兰措等（1998）利用 1993—1997 年冬季晴朗少云的 NOAA/AVHRR 卫星数据分析得出，霾在 AVHRR 不同通道影像上具有不同颜色、形状、纹理等特征。马国欣等（2008）论述了卫星遥感应用于霾监控的可行性和必要性。吴兑等（2006，2008）在开展珠三角地区霾天气的成因分析中指出细粒子污染是霾形成的本质原因。孙娟等（2006）利用 MODIS 卫星反演的气溶胶产品开展了与霾直接相关的大气能见度的研究。李正强等（2014）利用 MODIS 卫星数据，建立了卫星遥感参数和空气污染指标之间的联系，提出了利用 AOD 数据获得霾指数和霾污染时空气质量指数（AQI）等级的方法。陈良富等（2015）利用 MODIS 气溶胶光学厚度产品，经过垂直校正和湿度校正后推算地面 $PM_{2.5}$ 和 PM_{10} 质量浓度，其中 $PM_{2.5}$ 浓度估算结果精度高于 PM_{10}。

张文和潘竟虎（2016）利用 AOD 以及地面 $PM_{2.5}$ 数据，通过近地面气溶胶消光系数公式和线性拟合方法，估算京津冀地区 $PM_{2.5}$ 质量浓度，结果表明 $PM_{2.5}$ 估算结果与地面监测站数据相关系数为 0.78，且二者在分布范围上表现出良好的一致性。牛志春等（2014）从霾污染遥感监测业务化流程出发，基于 MODIS 卫星数据、气溶胶产品及气象观测数据，利用 LM-BP 人工神经网络模型反演大气颗粒物浓度，结果表明，霾污染遥感监测结果与地面实测结果基本一致，能有效反映出霾污染空间分布状况。Just 等（2015）利用 MODIS 1 km 分辨率的 AOD 产品、土地利用和气象数据，构建了 $PM_{2.5}$ 估算模型，当 AOD 数据缺失时，采用时空平滑方法估算 $PM_{2.5}$，结果表明 $PM_{2.5}$ 估算结果与地面实测数据之间的决定系数为 0.724。李旭文等（2011）利用 Landsat-ETM 卫星影像反演的大气能见度来反映地面空气质量，为霾的监测预警提供依据。Sifakis 和 Soulakellis（2000）提出了 SIPHA 算法，使用高分辨率卫星图像定量估算不同区域气溶胶光学厚度，用于霾和气溶胶制图。王中挺等（2012）研究表明，基于环境一号卫星（HJ-1）反演的气溶胶光学厚度可以有效监测霾污染强度。戴羊羊等（2015）利用 MODIS 卫星数据，综合运用 6S 辐射传输模型与 V5.2 算法相结合的方法来反演气溶胶，并对上海市 2013 年 12 月的一次霾污染进行了连续监测，取得较好应用效果。刘勇洪（2014）研究指出，NOAA/AVHRR 卫星图像的第 1 波段表观反射率作为光谱指标可以对霾进行较好识别，对霾的有效识别准确率为 82%。高大伟等（2015）研究认为，连续的 MODIS 真彩色图像可提高霾遥感监测效果，真彩色合成图像的 3 个通道与 AQI、$PM_{2.5}$ 和 PM_{10} 之间均有较好的相关性，此外，结合地面站点观测数据和天气形式分析，可实现霾污染事件的提前预警。葛巍等（2016）基于 MODIS 卫星数据，通过分析云、雾、霾、地表在可见光和红外通道的不同光谱特征，统计出霾的监测阈值区间，设计了霾识别自动处理流程，在霾事件监测中取得较好的应用效果。Zha 等（2012）通过分析霾、非霾日遥感图像上地物光谱特征变化，利用 MODIS 卫星第 1、4 波段定义了归一化差值霾指数 NDHI，研究发现霾区 NDHI 值明显高于非霾区域，NDHI 与地面 PM_{10} 之间的线性相关性在南京、扬州和苏州地区分别为 0.74、0.57 和 0.67。

何月欣等（2018）通过美国 MODIS、Suomi NPP 卫星 VIIRS 气溶胶光学厚度产品结合 CALIPSO 星载激光雷达气溶胶产品，综合分析东北地区 2006—2015 年 AOD 年际变化和季节性变化特征，进而获取东北地区霾污染的宏观时空分布特征，并深入探讨 2014 年 10 月 14 日重霾污染过程特征及其潜在区域传输路径，结果表明，MODIS、VIIRS 气溶胶光学厚度与地面观测都有显著的相关性，能够反映出此次重霾污染的地面空间分布特征。郑凯端等（2018）利用 CALIPS 卫星激光雷达数据、海洋与气象学多功能卫星 COMS 搭载的地球同步海洋水色成像仪 GOCI 数据以及 CE318 太阳光度计数据，结合 HYSPLIT 后向轨迹模式和地面气象资料，对长三角地区 2013 年 12 月 1—9 日发生的一次严重霾事件的形成、特征及污染来源进行了分析，结果表明霾期间气溶胶粒子主要位于 2 km 以下的低层大气，球形气溶胶、细粒径气溶胶所占比例较高。

综上所述，目前霾遥感监测研究已取得了较大进展，但监测精度与效果仍存在诸多因素的影响，且上述研究基本上都是基于限定地区、限定条件、限定数据等开展的技术方法研究,实现业务化应用还存在不足。因此,有必要从霾污染遥感监测业务流程出发,构建一套合理、可行、适用的环境监测业务化运行体系,满足大气污染防治环境管理的需要。

2.2.2.2 FY-3D 卫星数据来源及处理

风云三号(FY-3)气象卫星是我国的第二代极轨气象卫星,是在 FY-1 气象卫星技术基础上的发展和提高,在功能和技术上具有质的变化,是为了满足中国天气预报、气候预测和环境监测等方面的需求而研发的,主要目的是解决三维大气探测,大幅度提高全球资料获取能力,进一步提高云区和地表特征遥感能力,从而能够获取全球、全天候、三维、定量、多光谱的大气、地表和海表特性参数(董超华 等,2010;杨军 等,2011)。

目前,风云三号气象卫星一共由四颗卫星组成,分别于 2008、2010、2013 和 2017 年发射成功。其中 A 星和 B 星为试验星,C 星和 D 星为业务星。作为第二代极轨气象卫星系列最新的一位成员,FY-3D 将接替已服役八年的 FY-3B,与 FY-3C 配合进行上下午组网观测。FY-3D 是我国光谱测量通道最多的卫星,携带了 10 台遥感探测仪器,载荷配置和性能指标均达到了国际先进水平。除了 5 台仪器为继承性仪器外,红外高光谱大气探测仪(HIRAS)、近红外高光谱温室气体监测仪(GAS)、广角极光成像仪(WAI)、电离层光度计(IPM)4 台仪器为全新研制且首次搭载,同时对核心仪器中分辨率光谱成像仪(MERSI-Ⅱ)进行了大幅升级改进,性能显著提升(郭静原,2017)。

MERSI-Ⅱ是 FY-3D 的核心仪器之一,整合了原有风云三号气象卫星两台成像仪器的功能,有 25 个光谱通道。该传感器光谱覆盖范围为 0.47～12 μm,空间分辨率为 250 m 和 1 km,可以获取全球 250 m 分辨率红外分裂窗区资料,实现云、气溶胶、水汽、海洋水色等大气、陆地、海洋参量的高精度定量反演。MERSI-Ⅱ的通道光谱性能见表 2.4。

表 2.4　FY-3D 中分辨率光谱成像仪 MERSI-Ⅱ 光谱性能

主要用途	通道编号	中心波长 (μm)	光谱带宽 (nm)	空间分辨率 (m)	典型辐射值 (W/(m²·μm·sr))	噪声等效温差(K)	动态范围(最大反射率 ρ,最高温度)
陆地云边界和特征遥感	1	0.470	50	250	35.3	100	90%
	2	0.550	50	250	29.0	100	90%
	3	0.650	50	250	22.0	100	90%
	4	0.865	50	250	25.0	100	90%
	5	1.030	50	1000	5.4	100	90%
	6	1.640	50	1000	7.3	200	90%
	7	2.250	50	1000	1.2	100	90%
海洋水色、浮游生物、生物地球化学遥感	8	0.412	20	1000	44.9	300	0～30%,30%～100%
	9	0.443	20	1000	41.9	300	0～30%,30%～100%
	10	0.490	20	1000	32.1	300	0～30%,30%～100%
	11	0.555	20	1000	21.0	500	0～30%,30%～100%
	12	0.670	20	1000	10.0	500	0～30%,30%～100%
	13	0.709	20	1000	6.9	500	0～30%,30%～100%
	14	0.746	20	1000	9.6	500	0～30%,30%～100%
	15	0.865	20	1000	6.4	500	0～30%,30%～100%

续表

主要用途	通道编号	中心波长（μm）	光谱带宽（nm）	空间分辨率（m）	典型辐射值（W/(m²·μm·sr)）	噪声等效温差(K)	动态范围（最大反射率 ρ，最高温度）
大气水汽	16	0.905	20	1000	10.0	200	100%
	17	0.936	20	1000	3.6	100	100%
	18	0.940	50	1000	15.0	200	100%
卷云	19	1.380	20/30	1000	6.0	60/100	100%
陆、水云温度	20	3.800	180	1000	270	0.25	200~350 K
	21	4.050	155	1000	300/380	0.25	200~380 K
大气水汽	22	7.200	500	1000	270	0.30	180~270 K
	23	8.550	300	1000	270	0.25	180~300 K
陆、水云温度	24	10.800	1000	250	300	0.4	180~330 K
	25	12.000	1000	250	300	0.4	180~330 K

山东省气象局霾监测业务中使用的 FY-3D 卫星数据来源于新泰风云三号省级利用站，接收的卫星数据经过定标、定位、投影转换和图像处理等一系列预处理工作，形成统一的卫星资料观测序列。

2.2.2.3　FY-3D 卫星霾遥感监测方法

霾对不同波长的电磁辐射影响不同，研究表明霾粒子的光学厚度随波长增加呈下降趋势。图 2.10 是辐射传输模型模拟的在不同程度霾情况下，地表接收到的太阳辐射能量。0.43 μm 蓝色波段波形受影响最大，在晴朗大气条件下，蓝色波段附近有一个明显的波谷，随着霾加重，波谷逐步减小。在理想的情况下，大气窗口内的太阳辐射直接照射地表，入射的光子部分被地物吸收，其余的被反射回天空，此时卫星测量的辐亮度直接取决于地物波谱特性。

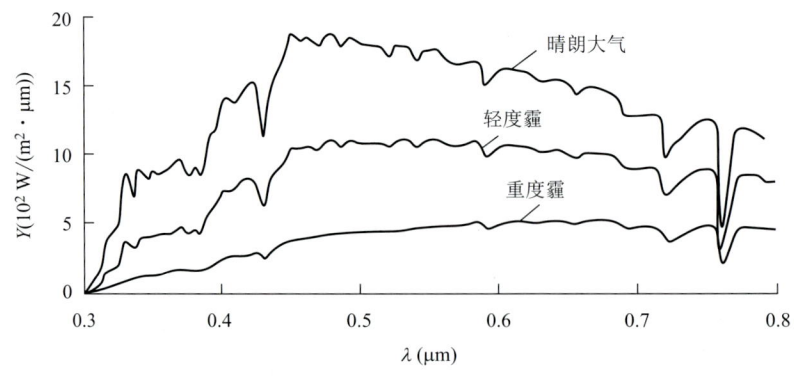

图 2.10　霾对辐射传输的影响

然而在霾天气情况下，由于霾对太阳辐射的散射和吸收作用，改变了电磁波的辐射传输，从而影响到遥感影像的质量，通常受霾影响的地物在色调、纹理及形状上都与其他地物有明显不同。

第2章 山东省环境气象监测技术

根据遥感影像上霾与其他目标之间的光谱特征差异,可设定合适阈值监测霾或者采用彩色合成等增强方式识别霾。其中,通过设定合适阈值监测霾时,通常需要选择多个霾天气过程的遥感数据辅助相关气象和地基观测资料,通过分析霾区和非霾区在不同通道上的反射率与亮温值域分布,设定合理阈值,实现霾区域的识别与提取,但人为干扰因素较大。而在实际应用中,由于下垫面和霾颗粒的复杂性,各种霾及其影响下地物的光谱曲线很难通过特定的阈值算法进行线性分割。

相对来说,根据霾与其他目标之间在光谱上的差异,结合地面实际观测数据,采用真彩色合成方式进行霾监测业务应用潜力更大。即根据彩色合成原理,选择同一目标的单个多光谱数据合成一幅彩色图像,当合成图像的红绿蓝三色与三个多光谱段相吻合,这幅图像就再现了地物的真实颜色,称之为真彩色合成。在真彩色合成图中,亮白色的为云雾,因为云雾在可见光波段具有较高的反射率,其中雾的顶部具有光滑表面,而云更有质感,在边缘有明显的阴影;灰色或者暗灰色代表霾。

卫星接收到的地表反射信号包含有大气散射部分,同时在太阳到地表和地表到传感器的路径上还有大气的吸收作用。大气的散射和吸收作用导致传感器接收到的信号不能真实反映地表的光谱特征。在合成真彩色影像时,如果不排除大气影响会导致散射较强的蓝光波段强度偏高,一方面会导致影像偏蓝;另一方面会导致影像亮度整体偏高。为了尽可能真实还原地表颜色特征,在进行真彩色数据合成时传感器接收到的数据需要经过大气校正过程。

在较为晴朗的天气条件下,大气校正主要考虑去除瑞利(Rayleigh)散射。依据6S辐射传输模型,对FY-3D的蓝、绿和红三个可见光波段数据订正瑞利散射和O_2、O_3、H_2O等大气成分的吸收。最后将订正后的反射率数据转化为RGB亮度数据,完成FY-3D真彩色影像的合成,实现的技术流程如图2.11所示。

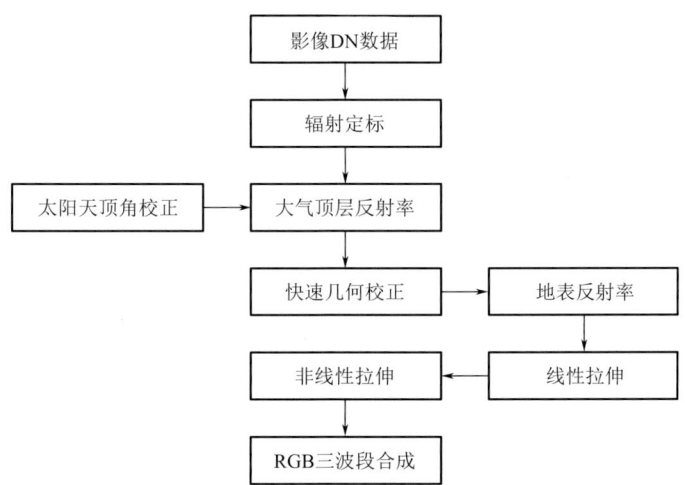

图2.11 FY-3D真彩色影像合成技术方法流程图

其中,瑞利光学厚度表示光在大气分子中消光系数沿传播路径的积分,计算公式如下。

$$\mathrm{tau}_r = \frac{8\pi^3(n^2-1)^2 N_c}{3\mathrm{Lamd}^4 N_s^2}\left(\frac{6+3\gamma}{6-7\gamma}\right)\left(\frac{P}{P_0}\right)\left(\frac{T}{T_0}\right) \tag{2.1}$$

式中:tau_r表示瑞利光学厚度;n为空气折射指数;γ为极化因子;N_c为大气柱数密度,

标准情况下取 2.154×10^{25}；N_s 为分子数密度，标准情况下取 2.547×10^{19}；Lamd 为波段中心波长；P 为像元位置大气压力，该值与该处海拔高度有关，可以通过 DEM 数据计算得到；P_0 为标准大气压力；T 为气温；T_0 取值为 288.15 K。

T_w 为大气与水汽吸收的透过率，计算公式如下。

$$T_w = T_{rayu} \times T_{rayd} \times t_{H_2O} \tag{2.2}$$

式中：T_{rayu} 为大气上行路径分子吸收；T_{rayd} 为大气下行路径分子吸收；t_{H_2O} 为水汽分子吸收。t_O 为大气中氧气和臭氧吸收透过率，计算公式如下。

$$t_O = t_{O_3} \times t_{O_2} \tag{2.3}$$

式中：t_{O_3} 为臭氧透过率；t_{O_2} 为氧气透过率。

R_{ac} 为经过大气校正后的地表反射率，计算公式如下。

$$y = \left(\frac{R_{toa}}{t_O} - R_{ray}\right) / T_w \tag{2.4}$$

$$R_{ac} = y/(1+y\times\partial) \tag{2.5}$$

式中：R_{ac} 为大气校正后的地表反射率；R_{toa} 为传感器接收到的经过太阳高度角订正的反射率；R_{ray} 为瑞利散射的反射率；T_w 为大气吸收与水汽吸收的透过率；t_O 为氧气和臭氧吸收的透过率；∂ 为大气反照率。

经过大气校正后的卫星像元为反射率数据，取值范围在 0.0~1.0，不能直接用来进行数据合成。为了将浮点型的数据转成整形的 RGB 亮度数据，首先使用线性映射方法将 0.0~1.0 线性转化为 0~255。然后再通过非线性映射表，将 0~255 进行增强，增强后的影像水体等暗像元细节得到保留。增强的映射表如表 2.5。

表 2.5 影像增强映射表

增强前像素值	增强后像素值
0	0
30	110
60	160
120	210
190	240
255	255

2.2.2.4 FY-3D 卫星霾遥感监测精度检验及应用

基于上述真彩色合成方法，利用 2019 年 FY-3D/MERSI-Ⅱ气象卫星数据，结合中国生态环境部监测站点 AQI 指数开展霾连续监测，在真彩色合成图中，亮白色的为云雾，且雾的顶部具有光滑表面，而云更有质感，并在边缘有明显的阴影；灰色或者暗灰色代表霾。

2019 年 1 月 13 日，根据霾和云雾不同的显示颜色，从监测图中可以清晰地看出，霾发生区域受云雾影响较大，云、雾和霾发生区域区分明显，霾主要位于山东、河北、山西、江苏、天津等地，上述区域均出现重度或严重污染，监测结果与地面环境观测站点数据一致（图 2.12a）。2019 年 1 月 14 日，霾的影响范围进一步扩大到北京和安徽等地（图 2.12b）。

2019 年 2 月 23 日，从监测图（图 2.13a）中可以清晰地看到，霾发生区域受云雾影响

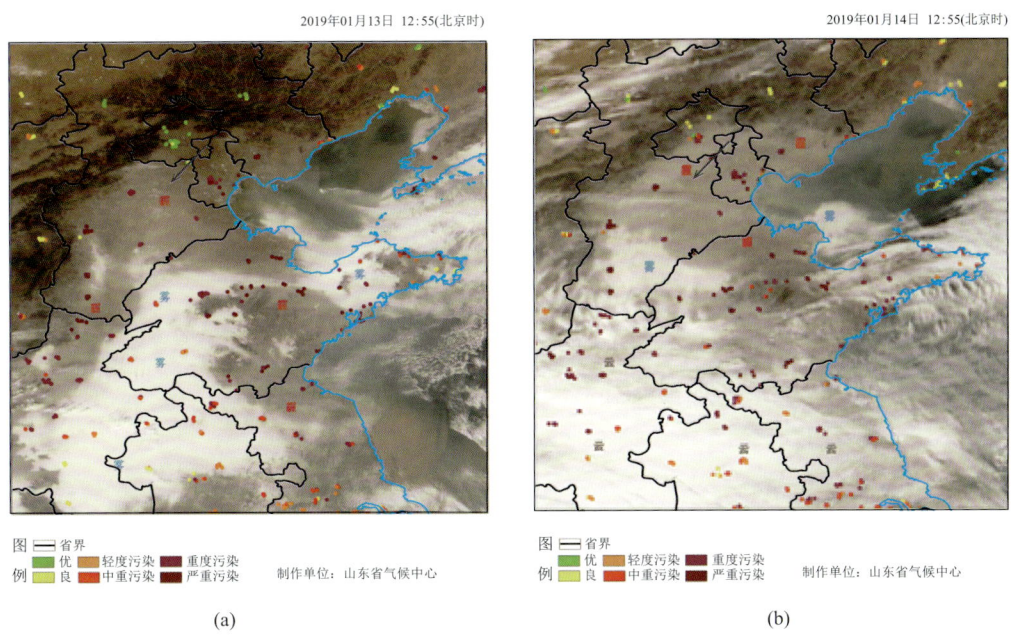

图 2.12　2019 年 1 月 13 日（a）、1 月 14 日（b）霾空间分布卫星遥感监测

较小，霾主要位于山东、河北、北京、天津、河南等地，上述各地均出现轻度或中、重度污染，监测结果与地面环境观测站点数据一致。

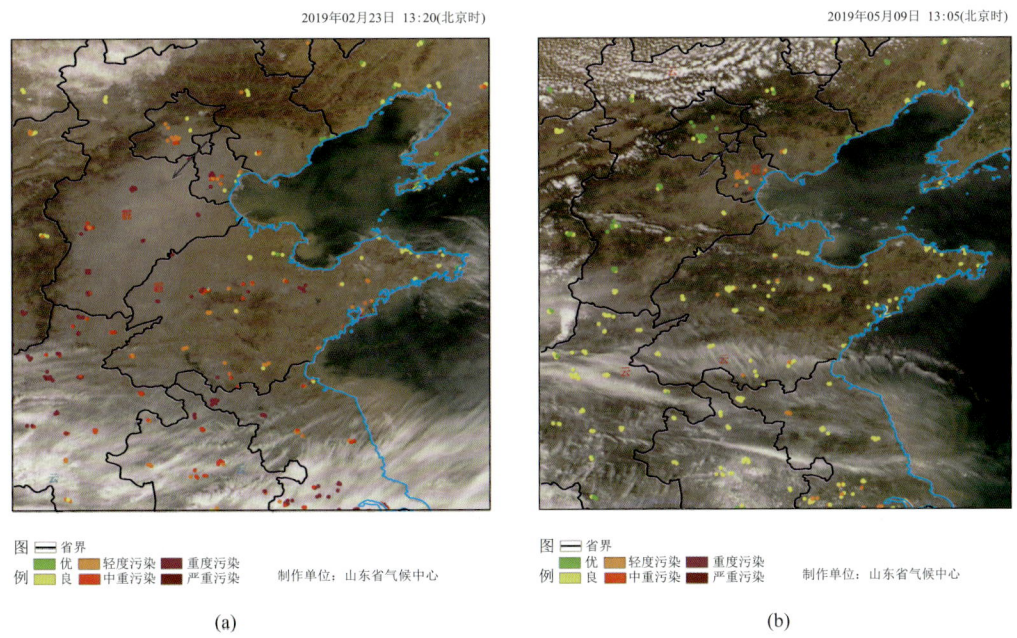

图 2.13　2019 年 2 月 23 日（a）、5 月 9 日（b）霾空间分布卫星遥感监测

2019 年 5 月 9 日，从监测图（图 2.13b）中可以看出，华北地区受云雾影响较小，除天津有轻、中度污染外，其他大部区域均为优良等级，且地表信息清晰可见。

2.3 济南市大气边界层逆温层垂直结构研究

大气边界层指 1.5 km 高度以下的大气夹层，主要表现形式是地面长波增温、风切变和湍流的作用（张佃国 等，2017）。边界层逆温是影响天气背景、大气污染物扩散、传输和空间分布的重要因素，污染物的散布形式和运动扩散规律取决于污染区域内气象条件的水平和垂直分布规律，边界层逆温的分布规律对大气污染物的扩散有直接的作用。许多气象专家对边界层逆温做了大量的研究。

Zhang 和 Li（2011）研究了边界层逆温与大气污染的关系，揭示了逆温层对大气污染物的作用机制。赵建华等（2013）分析了夏季干旱区边界层高度、逆温层、逆温强度及频率密度的特征。赵海江等（2014）分析了贴地逆温、悬浮逆温的底部、顶部高度及它们的变化特征。刘增强等（2007）分析了乌鲁木齐市低空逆温特征。姜大膀等（2001）分析了兰州市低空大气温度层结变化特征，并指出低空气温层结状况是影响该市空气污染程度的重要因素之一。刘焕彬等（2005）利用济南高空观测资料统计分析了低层逆温结构分布特征。郭萍萍等（2015）分析了甘肃省春季一次连续浮尘天气过程，揭示了浮尘天气过程的沙尘颗粒传输特征。李二杰等（2015）利用地面探空数据计算了大气稳定度、混合层高度、逆温等气象量，找出了逆温特征量与相对湿度、能见度等的关系。马艳等（2014）利用探空资料，结合中尺度数值模式的分析方法，分析了持续较强的逆温层结构及近地面弱南北风频繁交替出现与空气污染的关系。以上研究均取得了有意义的成果，多数研究利用探空资料，缺乏连续性。

大量的边界层逆温研究基本局限在利用两个时刻（08 时和 20 时）探空站观测资料，两个时刻的数据资料难免会丢失一些关键性的研究特征，不能够全面地揭示逆温层的本质特点。最近几年多通道微波辐射计探测技术开始应用并趋于成熟。利用德国 RPG 型地基微波辐射计观测资料，可以弥补探空资料带来的不足，结合卫星、雷达等资料分析了济南及周边地区的边界层逆温参数特征分布。

2.3.1 资料和方法

使用 2015 年章丘 L 波段探空（08 时和 20 时）和德国 14 通道 RPG-HATPRO-G3 型地基微波辐射计等观测资料，章丘探空站（117.56°E，36.73°N）位于济南以东 45 km 处，微波辐射计安装在山东省气象局人影楼观测点（116.96°E，36.68°N）。章丘探空站气象数据主要用于检验微波辐射计观测温度廓线的准确性，L 波段常规探空使用 10 个标准层和若干个特性层的数据资料，其中标准层包括：1000、925、850、700、500、400、300、250、200 和 100 hPa。地基微波辐射计可以自动并快速获取 10 km 高度范围内大气垂直和天顶二维的温、湿、液态水和水汽含量等云物理信息，同时观测地面温、压、湿和降水要素，观测温度范围为 $-60 \sim 60$ ℃，相对湿度范围为 $1\% \sim 100\%$。系统 14 个接收器并行观测，每个通道拥有独立的带宽、滤波器和接收器系统，采样得到垂直高度的信息，可实时显示。垂直方向采用11层不同间隔92档扫描方式进行观测，高度层分别为0～10 m、10～25 m、25～100 m、100m～0.5 km、0.5～1.3 km、1.3～2.0 km、2.0～2.5 km、2.5～3.8 km、3.8～4.6 km、4.6～6.0 km、6.0～10.0 km，垂直间隔分别为10、25、30、40、60、90、100、150、200和300 m，时间分辨率为1 min。为了使章丘探空数据和微波辐射计数据具有可比性，选择2种观测设备同一时刻（08时和20时）的数据，并挑选出相同高度层的资料加以对比分析。

从地基微波辐射计观测资料中读取、挑选、计算和整理的贴地逆温和悬垂逆温参数变化特征数据，包括逆温层的底高、顶高和温度。对每月逆温出现的频率、厚度、温差和强度进行统计整理。

逆温层厚度：

$$\Delta H = H_2 - H_1 \tag{2.6}$$

式中，H_1 为逆温层底高，H_2 为逆温层顶高。

逆温层温度差：

$$\Delta T = T_2 - T_1 \tag{2.7}$$

式中，T_1 为逆温层底部温度，T_2 为逆温层顶部的温度。

逆温强度定义为在逆温层内每升高100 m的温度逆增值（℃/100 m），用 I 表示：

$$I = (\Delta H / \Delta T) \times 100 \tag{2.8}$$

为了便于分析研究，引用刘增强等（2007）对逆温强度划分的等级标准（表2.6）。

表2.6 逆温强度级别分类

级别	一级	二级	三级	四级	五级	六级
强度(℃/100 m)	<0.3	0.3～0.6	0.7～1.0	1.1～1.5	1.6～2.0	>2.0

2.3.2 研究结果

2.3.2.1 频率和日数

边界层逆温根据特征不同分为贴地和悬垂逆温两种，前者是从地面开始的逆温，后者是距离地面较高的位置，表2.7给出了地基微波辐射计观测取得的两种逆温年月出现日数和频率。2015年出现贴地逆温现象310 d，平均每月出现25.8 d，每月出现贴地逆温的频率不尽相同，2月、9月、10月和12月最大，频率为100%，6月最小，频率为46.7%，月平均频率为84.9%；出现悬垂逆温68 d，出现次数相对均匀，日数最多为9 d，最少为4 d，平均每月出现5.6 d，4月出现频率最高，可达30%，3月、7月、10月和12月最低，仅为12.9%。贴地逆温层4月以后，出现的频率存在明显的降低，主要是夏季来临，对流变旺盛，大气结不稳定的缘故。多数贴地逆温的出现，主要是由于地面接近的气层降温强烈，而上层空气冷却缓慢形成的辐射逆温，悬垂逆温的出现与天气背景有很大的关系。

表2.7 2015年逆温特征统计表

月份	贴地逆温		悬垂逆温	
	日数(d)	频率(%)	日数(d)	频率(%)
1月	27	87.1	7	22.6
2月	28	100	4	14.3

续表

月份	贴地逆温		悬垂逆温	
	日数(d)	频率(%)	日数(d)	频率(%)
3月	28	90.3	4	12.9
4月	23	76.7	9	30.0
5月	21	67.7	6	19.4
6月	14	46.7	7	23.3
7月	24	77.4	4	12.9
8月	29	93.5	7	22.6
9月	30	100	4	13.3
10月	31	100	4	12.9
11月	24	80	8	26.7
12月	31	100	4	12.9
平均	25.8	84.9	5.6	18.7

2.3.2.2 逆温日变化

表2.8给出了2015年贴地逆温层和悬垂逆温层日变化特征统计信息，20时—次日08时定为夜变化、08—20时定为日变化。贴地逆温层在晚上出现的次数较多，出现的频率较大，频率范围为64.3%～96.8%；白天出现次数较少，频率较小，频率范围为3.2%～35.7%。悬垂逆温变化1月、3月和4月夜间出现的次数较多，频率较大，出现的频率范围为71.0%～77.8%，其余月份除12月均为白天出现次数多，出现频率范围为50.0%～100%。可见，济南地区夜间多受逆温层控制，垂直对流不充分，不利于空气中悬浮颗粒物的扩散。

表2.8　2015年逆温日变化统计特征

		1月	2月	3月	4月	5月	6月	7月	8月	9月	10月	11月	12月
贴地逆温	夜(d)	24	25	26	20	15	9	21	25	29	28	21	30
	日(d)	3	3	2	4	6	5	3	4	1	3	3	1
悬垂逆温	夜(d)	5	1	3	7	1	3	1	0	1	1	3	2
	日(d)	2	3	1	2	5	4	3	7	3	3	5	2

2.3.2.3 贴地逆温特征

贴地逆温层内部，气温从地面开始随高度升高，达到某高度后气温又开始随高度递减，该高度即为贴地逆温的层顶，逆温层层顶相对地面的高度为贴地逆温层的厚度。图2.14给出了2015年不同天气背景下贴地逆温层参数的特征分布。分析可见，贴地逆温层有3个明显的时间峰值，1月峰值最大，厚度可达900 m，3月次之，为600 m，6月逆温层厚度峰值最小为400 m，其他月份相差不大，基本在200 m以下，平均为100 m。冬春季逆温厚度分布不均匀，有明显的峰谷，夏秋逆温厚度分布较为均匀。贴地逆温差全年分布不均匀，冬季较大，最大为4.6 ℃，夏季有明显的谷值，仅有0.25 ℃。贴地逆温强度是大气层结稳定度的重要指标，用逆温层中垂直递增率来表示。由图2.14c可知，全年贴地逆温强度分布不均匀，最大强度在冬季2月为2.6 ℃/100 m，属于六级强度，夏季强度较小，6月为0.125 ℃/100 m，

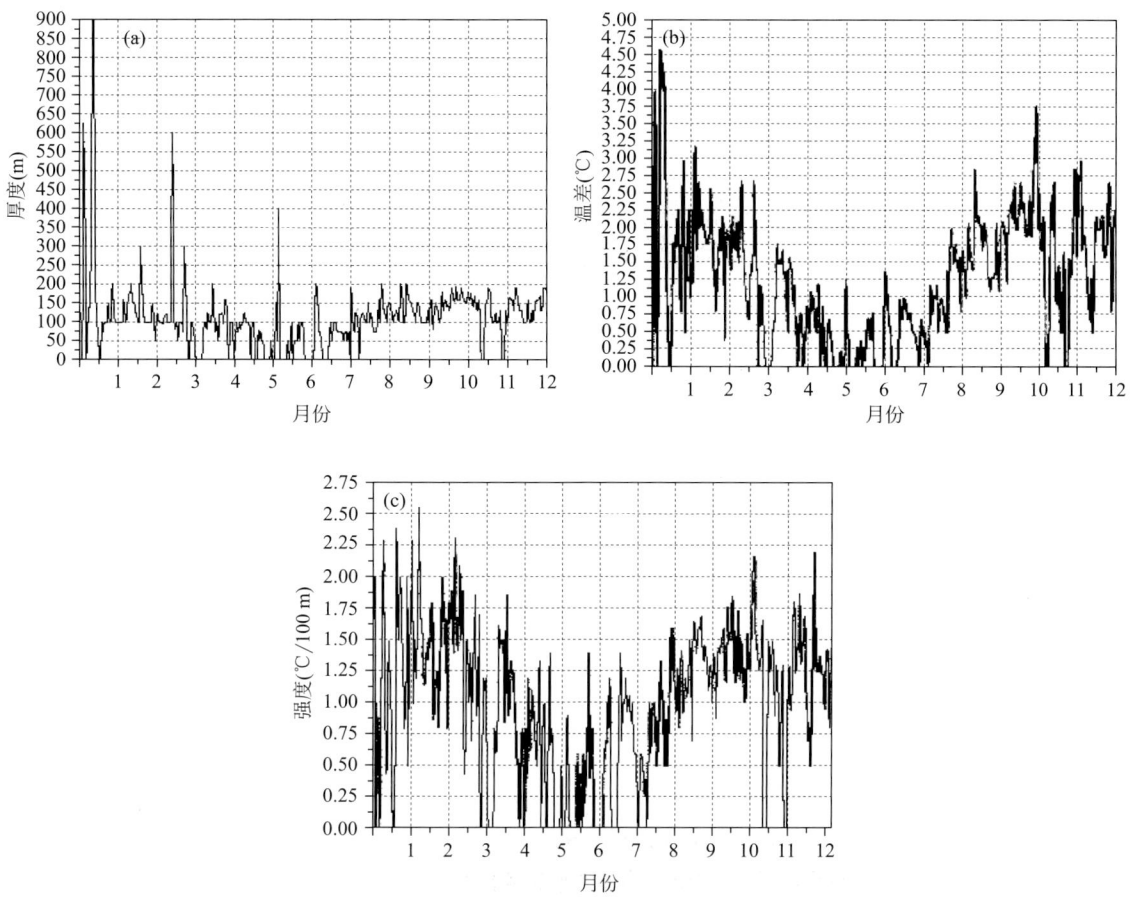

图 2.14　2015 年不同天气背景下贴地逆温参数特征分布
（a）贴地逆温厚度，（b）贴地逆温温差，（c）贴地逆温强度

属于一级强度，全年平均贴地逆温强度为 1.0，属于三级强度。

2.3.2.4　悬垂逆温特征

将逆温层的底距离地面的高度定义为悬垂逆温的底高，逆温层顶距离地面的距离为悬垂逆温层的顶高，两者之差为悬垂逆温层厚度。图 2.15 给出了 2015 年不同天气背景下悬垂逆温层参数特征分布。分析可知，悬垂逆温层顶高和底高分布不均匀，顶高在 1 月、4 月和 11 月出现了最大值，约为 2000 m，底高在 1 月、3 月和 8 月出现了最大值，约为 750 m，其他月份相对均匀，顶高约为 1300 m，底高约为 200 m。从季节上来看，冬季顶高和底高较高，夏季顶高和底高较低。悬垂逆温层厚度全年分布不均匀，起伏较大，冬季较厚，最厚可为 1850 m，夏季较薄，最薄仅为 500 m。悬垂逆温温差分布不均匀，有明显的季节变化，春季温差最大为 8.0 ℃，在 4 月，夏季温差较小，仅为 0.5 ℃，在 7 月。悬垂逆温强度分布不均匀，有明显的变化趋势，3—8 月逆温强度为下降趋势，强度最大为 0.5 ℃/100 m，属于二级强度，其他月份均为一级强度。这与本地区夏季对流旺盛，春秋季弱稳定，冬季大气层结稳定的季节气候特征相对应。

2.3.2.5　雾典型个例分析

2015 年 1 月 23—25 日，受东南暖湿气流和西北冷空气的影响，在济南地区出现了一次

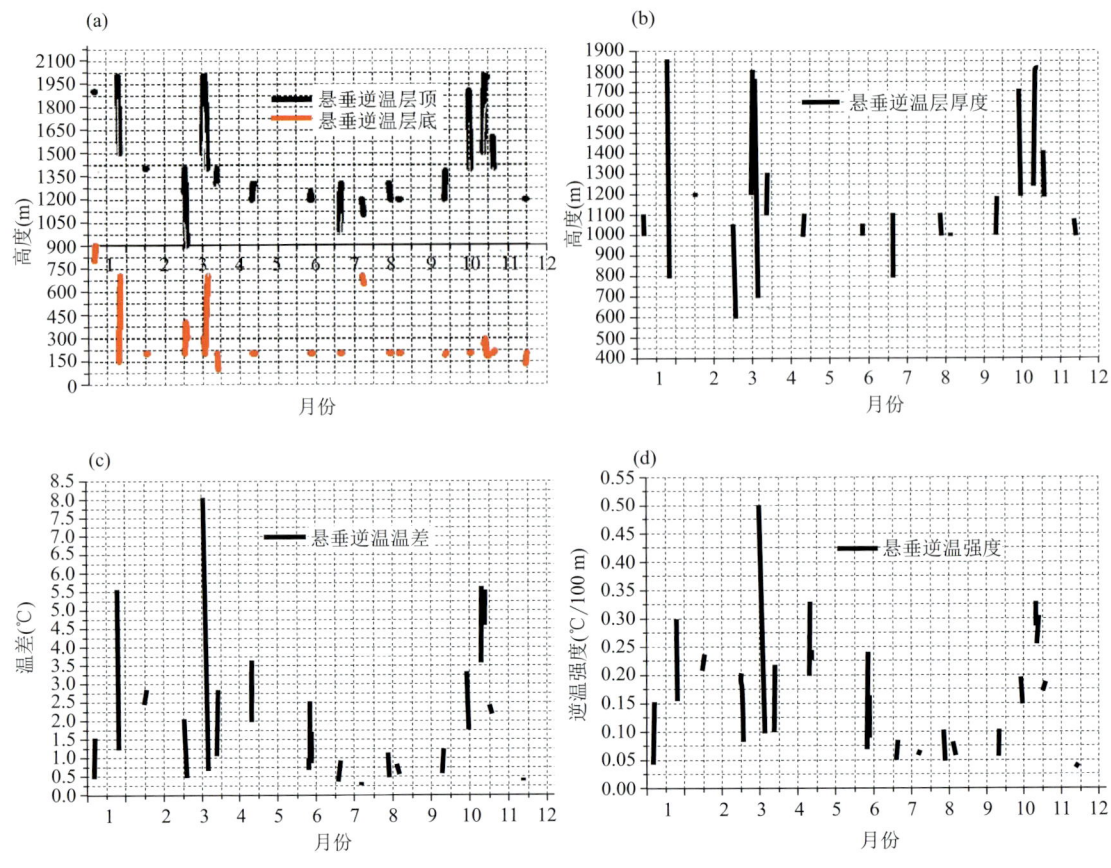

图 2.15 2015年不同天气背景悬垂逆温参数特征分布
(a) 悬垂逆温层顶高和底高，(b) 悬垂逆温层厚度，(c) 悬垂逆温温差，(d) 悬垂逆温强度

雨夹雪转多云转雾的天气过程，25日为大雾天气。图2.16是2015年1月25日济南降雪后大雾天气地基微波辐射计观测参数时间变化。大雾出现前（11时）为多云天气，从地面至2 km高度相对湿度（RH）分布均匀，呈现有规律均匀递减，地面为饱和状态，相对湿度为100%，2 km高度相对湿度降至52%；大雾时段相对湿度变化比较剧烈，出现了a、b、c三个急剧变化区域（图2.16a），a和b区域相对湿度出现不均匀变化，低层呈现下降趋势，高层呈现迅速上升趋势，c区域从地面到高空相对湿度均为下降的情况，地面相对湿度降至95%，2 km高度降至40%。图2.16b是2015年1月25日济南降雨后大雾天气液态水含量（LWP）时间变化情况，多云天气向大雾天气转变，液态水含量有明显的下降，由液态水含量最大为420 g/m^{2}下降至约40 g/m^2。图2.16c是2015年1月25日济南降雨后大雾天气综合水汽含量（IWV）时间变化情况，多云和雾天综合水汽含量差别不大，分布比较均匀。图2.16d给出了2015年1月25日济南降雨后大雾天气温度廓线的时间演变特征，在不改变温度廓线时间演变特征下，对温度数据进行了时间平均，选取了8条廓线代表了一日内全部温度变化特征，廓线的序列号为温度的时间演变序列。分析可见，雾形成前后边界层温度廓线特征有明显的变化，雾形成前，在200 m高度以下出现贴地逆温层，伴随大雾的形成，贴地逆温逐渐增强，高层开始出现悬垂逆温层，逆温强度越来越强，随着雾的消散，悬垂逆温层减弱消失，贴地逆温层达到最强。

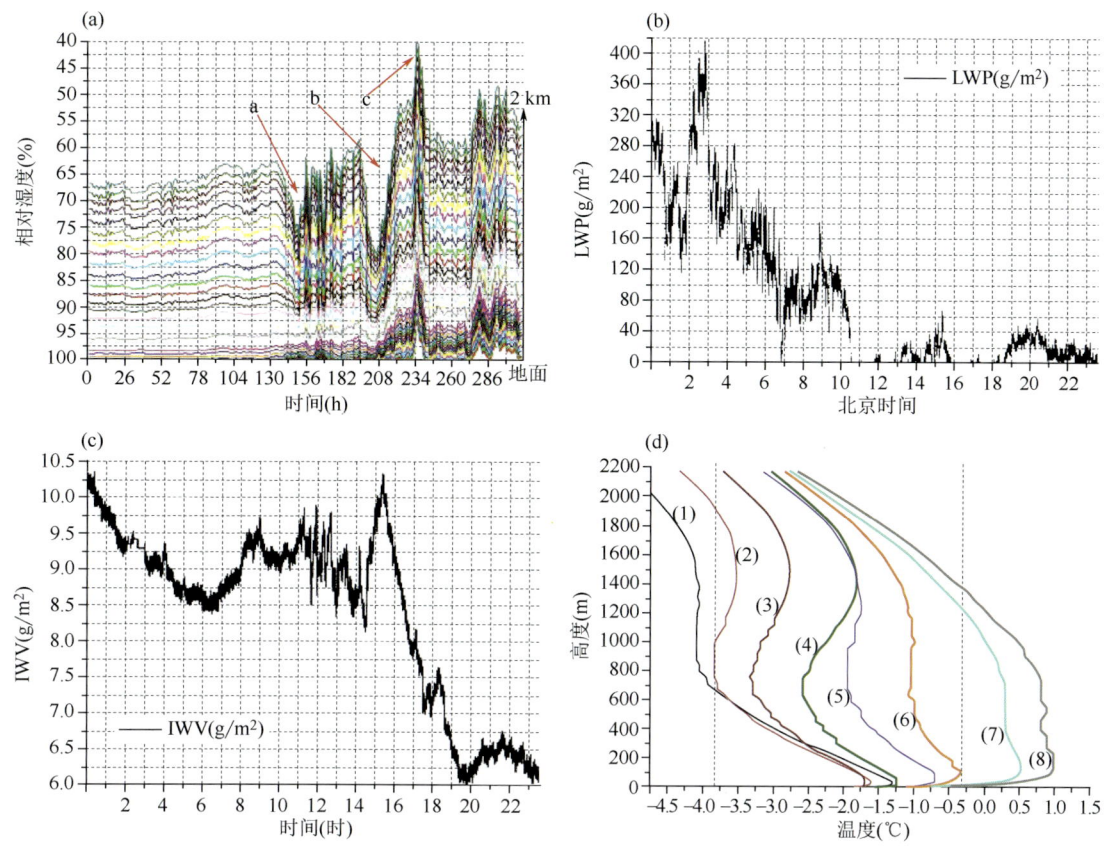

图 2.16 2015 年 1 月 25 日济南降雨后大雾天气地基微波辐射计观测参数的时间演变特征
（a）相对湿度，（b）液态水含量，（c）综合水汽含量，（d）温度廓线

总之，济南贴地逆温层出现的年平均频率较大，为 84.9%。由于天气比较稳定的原因，冬春秋季贴地逆温出现的频率较大，尤其在 2 月、9 月、10 月和 12 月四个月均为 100%。夏季由于大气层结不稳定，对流旺盛，贴地逆温比较弱，最小频率仅为 46.6%。悬垂逆温出现的频率比较小，最大仅为 30%，最小为 12.9%，与天气背景有一定的关系。

贴地逆温层厚度全年分布不均匀，有明显的时间峰值，峰值最大为 900 m；逆温温差趋势明显，伴随夏季到来，温差变小，夏季结束，温差变大，最大为 4.6 ℃，逆温强度冬季最强，可达六级强度；夏季最小，仅为一级，其他季节为三级大小。悬垂逆温层冬季最高，顶高可达 2000 m，温差有较大差异，冬季温差为 8.0 ℃，夏季温差较小，仅为 0.5 ℃，强度不大，最大的仅为二级强度。

2.4 激光雷达在环境气象监测中的应用研究

气象、环境保护（简称环保）两个部门均围绕大气环境监测新建了诸如 $PM_{2.5}/PM_{10}$ 微观站、气溶胶站、激光雷达、超级站等大气环境综合观测设施。随着生态城市建设以及蓝天保卫战的深入推进，新资料与传统的观测资料、风廓线雷达、微波辐射计等的融合以及跨部门数据的整合成为了新时代大气环境建设的趋势。

2.4.1 激光雷达工作原理简介

当前，京津冀污染物输送通道的区域建设有众多的气溶胶激光雷达，其激光雷达的种类主要包括：颗粒物激光雷达和臭氧激光雷达。总的激光探测原理，几乎都是通过后向散射信号的垂直和偏振信号解析气溶胶的特性，包括气溶胶消光系数、退偏振比，连续监测大气气溶胶的分布，分析气溶胶的组成结构和时空演变。由激光雷达的探测数据可获得大气边界层（PBL）的结构和时空演变特征、大气气溶胶消光系数和退偏振比垂直廓线的时间演变特征、大气能见度等信息。

2.4.2 激光雷达在环境气象监测中的应用

2018年11月下旬，地处鲁西北西部的聊城市持续受到重污染天气影响。11月20—22日出现一次受弱冷空气影响的过程（图略）。20日08时，500 hPa山东西部上空受偏西气流影响，新疆东部的低压槽引导冷空气将自西向东影响我国中东部地区，高原槽位于四川中部，未来发展东移；低层受弱的高压暖脊控制。20日上午，鲁西北地区能见度状况较差，部分地区有轻度霾，局地中度霾。20日白天，山东开始受冷空气影响，至20日20时，高空低槽东移至河套地区上空，南部高原槽东移至河南、湖北中部，鲁西北地区位于高空槽前，受偏西南气流控制；低层切变压至山东西部上空。受冷空气影响，20日白天，偏北风逐渐推进影响华北地区，地面偏南风转为偏北风，20日20时鲁西北地区大部转受偏北风控制。受该股冷空气影响，霾自北向南减弱、消散。

2018年11月21日08时，鲁西北地区位于500 hPa高空低槽底前部，白天出现局地弱降水，中低层开始转受西北气流影响，地面完全转为偏北风，风力不大。21日早上鲁西北地区多地出现轻雾。随着低槽东移，21日20时高空转为西北气流。冷锋过后，海平面气压梯度变小，等压线稀疏，21日20时鲁西北近地面转为偏南风，能见度变差，21日21时山东省内开始出现大雾，至22日早上全省能见度低于50 m的有9站，低于200 m的有6站，低于500 m的有5站，低于1000 m的有4站，此时空气质量尚好，以雾为主，山东省22日07时全省能见度、空气质量分布如图2.17所示。

此次过程，21日08时500 hPa高空低槽压至山东西部上空，22日08时东移南压至鲁东及其以南地区上空。由地面风场形势来看，20日下午，冷空气前缘开始影响鲁西北地区，开始由偏南风转为偏北风。20日20时鲁西北地区大部转受偏北风控制。受该股冷空气影响，霾自北向南减弱、消散。地面冷锋过境后，近地面转为偏南风，21日夜间至22日上午鲁西北地区多地出现大雾天气。

根据21—22日聊城站能见度变化与聊城上空单站点激光雷达图（图2.18）可以看出聊城上空单站点激光雷达图可与相应时段能见度变化相符合，也可以借此区分开雾与霾的出现时段，21日入夜后，聊城由霾转雾，污染减轻。

第 2 章　山东省环境气象监测技术

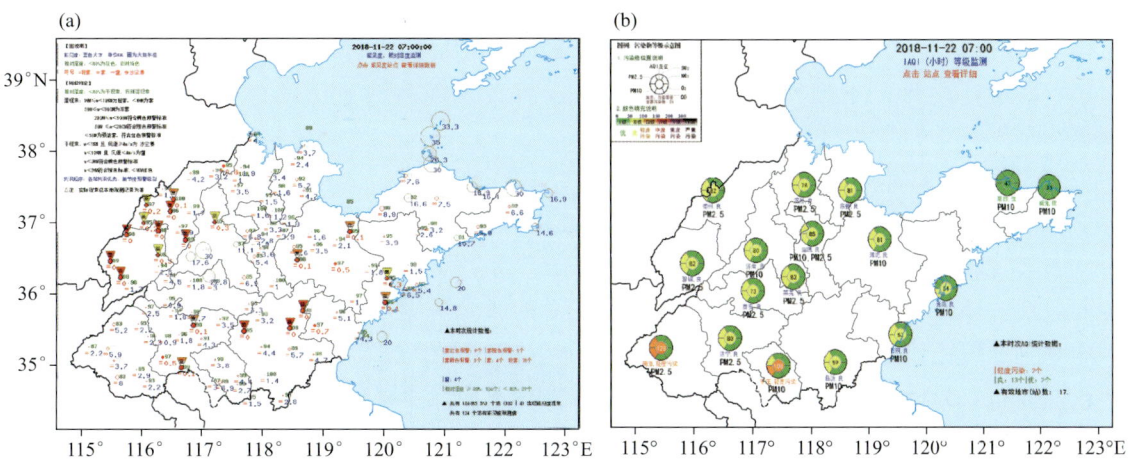

图 2.17　山东省 2018 年 11 月 22 日 07 时能见度（a）和空气质量（b）分布

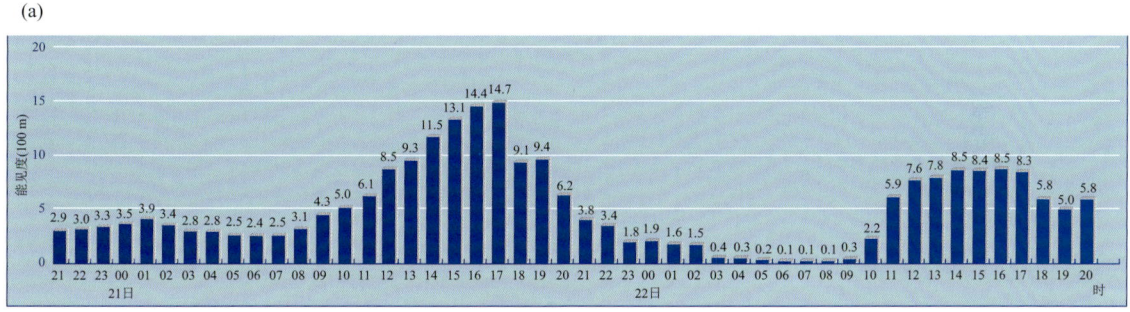

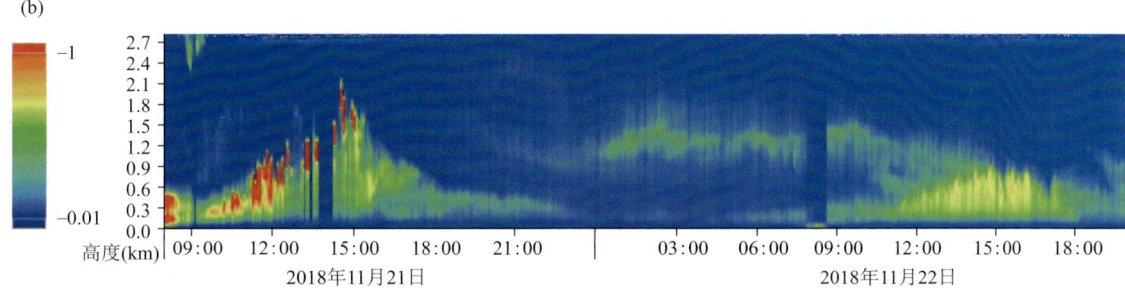

图 2.18　2018 年 11 月 20 日 21 时—22 日 20 时聊城站能见度变化（a），2018 年 11 月 21 日 08 时—22 日 08 时聊城（周公河站）激光雷达垂直观测（b）

2018 年 11 月 22 日 08 时—23 日 08 时，500 hPa 有一东移发展的小低槽位于河北，有小股弱冷空气影响鲁西北地区，700 hPa 低槽位于河套地区东部，850 hPa 在河北中部至山西上空风场形成闭合低值系统环流，鲁西北处于低值系统环流前部。由地面风场来看，23 日 08 时，在冀东南至鲁西北范围内出现明显的风向辐合，但风力较弱，有轻雾，且维持时间长，向南推进慢，鲁西北地区有轻度到中度的污染。直至 23 日 20 时，鲁西北转为弱北风控制，500 hPa 和 700 hPa 转为低槽槽后，850 hPa 鲁西北地区刚好位于槽底，聊城部分地区出现零星降水。

此次弱冷空气并未带来强北风进一步改善空气质量,相反弱北风与近地面偏南风拉锯,使得 23 日夜间鲁西北地区污染程度开始加重,聊城站能见度与单站点激光雷达图(图 2.19)所示,23 日下午聊城地区能见度尚可,而激光雷达图显示污染物已经开始有一定堆积。

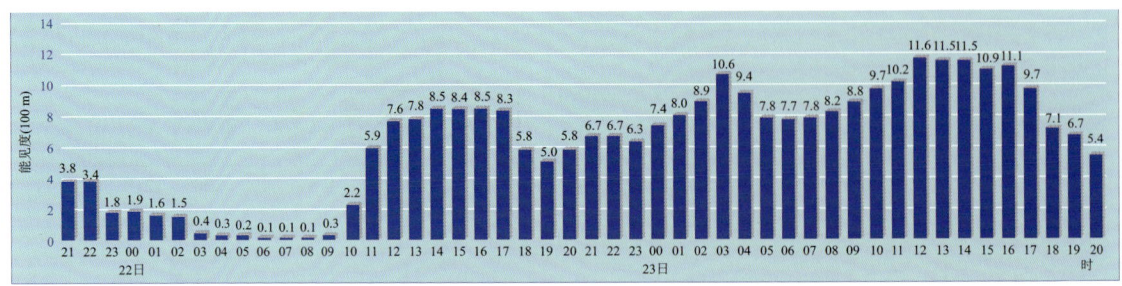

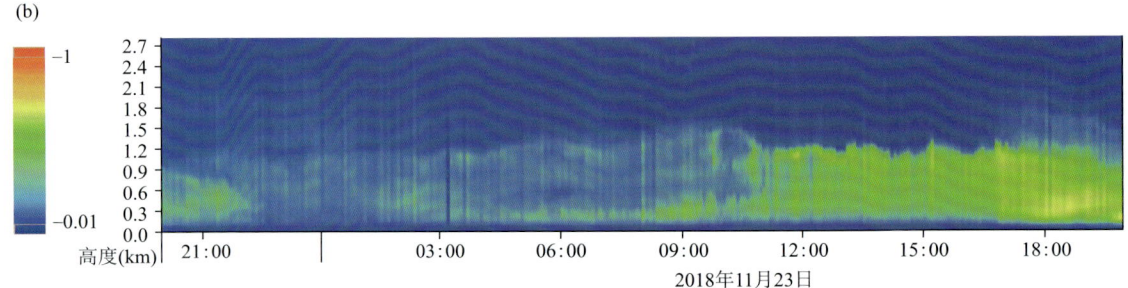

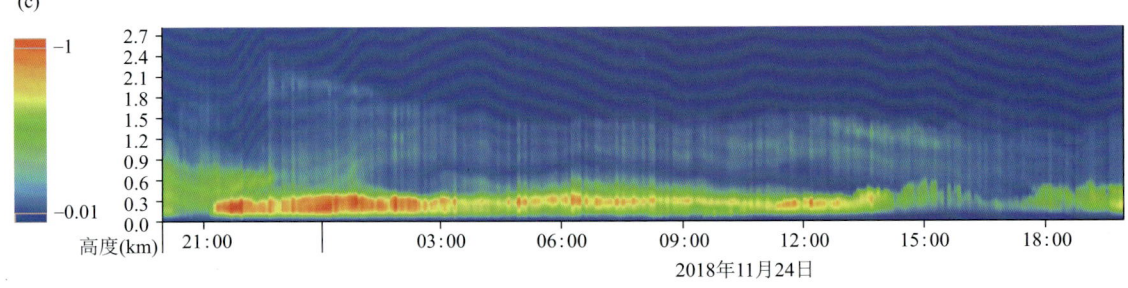

图 2.19　2018 年 11 月 21 日 21 时—23 日 20 时聊城站能见度变化(a),22 日 20 时—23 日 20 时(b)、23 日 20 时—24 日 20 时聊城(周公河站)激光雷达垂直观测(c)

至 24 日早上,鲁西北部分地区出现大雾,07 时山东省全省站点能见度都高于 500 m,低于 1000 m 的有 6 站,大部分站点以轻雾或霾为主,17 地市中重度污染 2 个(聊城、菏泽),中度污染 10 个,轻度污染 3 个,主要污染物为 $PM_{2.5}$,鲁西北地区污染转为中到重度污染。山东省 24 日 07 时全省能见度、空气质量分布图如图 2.20 所示。

24 日下午开始,地面逐渐由偏北风转为偏南风,近地的风向辐合作用消失,污染有一定程度减轻。24 日夜间至 25 日早上,500 hPa 新疆西北的低压槽东移加深,引导冷空气自西向东影响我国北方地区,山东以西地区上空有一弱低槽东移,鲁西北地区处在槽前偏西气流中,700、850 hPa 皆为西北气流控制。此次夜间冷空气补充南下,污染有再次加重的过程,25 日 00 时鲁西北地区已经为重度污染。

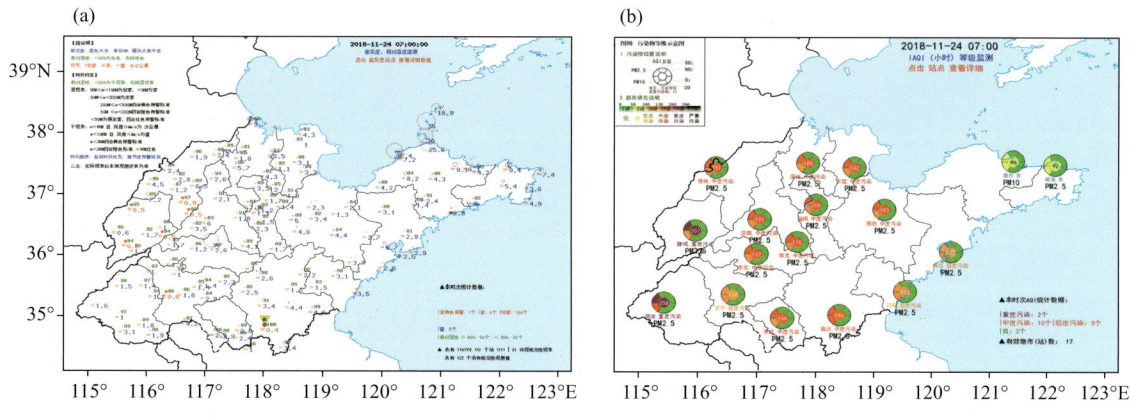

图 2.20 山东省 2018 年 11 月 24 日 07 时能见度（a）和空气质量（b）分布

结合高空形势（图 2.21）与激光雷达资料（图 2.22），2018 年 11 月 24 日夜间，500 hPa 高空低槽位于新疆北部，河北、河南、湖北、湖南一线有明显低槽存在，鲁西北地区位于该低槽槽前，后部为大范围偏西气流，中低层切变相较高空低槽位置略偏南，且整体湿度条件较差，边界层存在明显的逆温，有利于出现雾、霾天气。随着冷空气推进，25 日下午，鲁西北部分地区空气质量有所好转。25 日 20 时，500 hPa 低槽发展东移，鲁西北地区位于低槽槽底，底层西南气流有所发展，夜间湿度增加也对能见度变差造成一定的影响，夜间污染加剧，又转入重度污染。

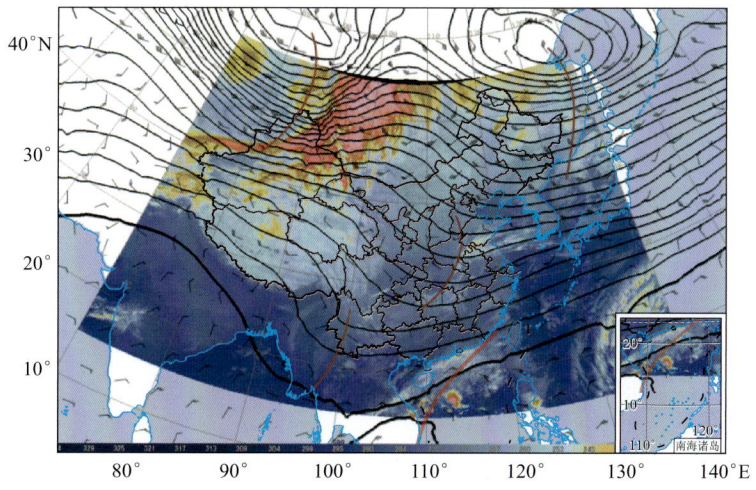

图 2.21 2018 年 11 月 24 日 20 时天气形势图叠加 25 日早晨卫星云图

26 日 08 时，低槽过境转为槽后西北气流控制，850 hPa 西南气流明显，湿度增大，雾、霾共存。前期新疆西北的低压槽，不断东移发展，较强冷空气影响北方地区。26 日早晨鲁西北、鲁西南和鲁中部分地区出现大雾，全省 13 个站能见度低于 50 m；17 地市中 6 个重度污染，3 个中度污染，6 个轻度污染，主要污染物为 $PM_{2.5}$，鲁西北地区重度污染，午后有所缓解（图 2.23）。

前期新疆西北的低压槽不断东移发展，26 日 20 时—27 日 08 时，低压中心由黑龙江西

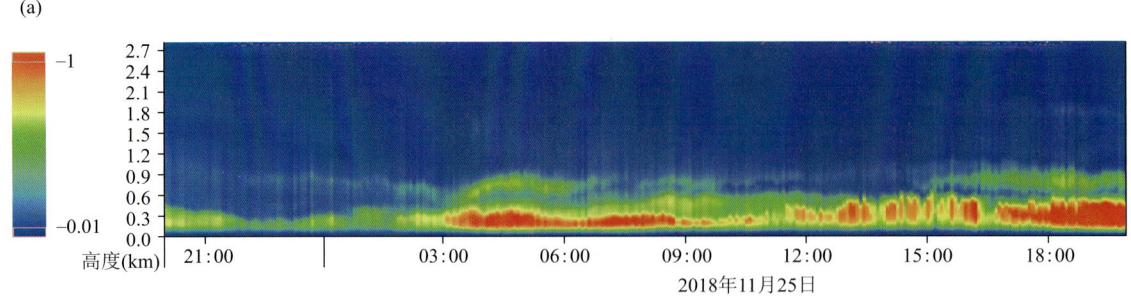

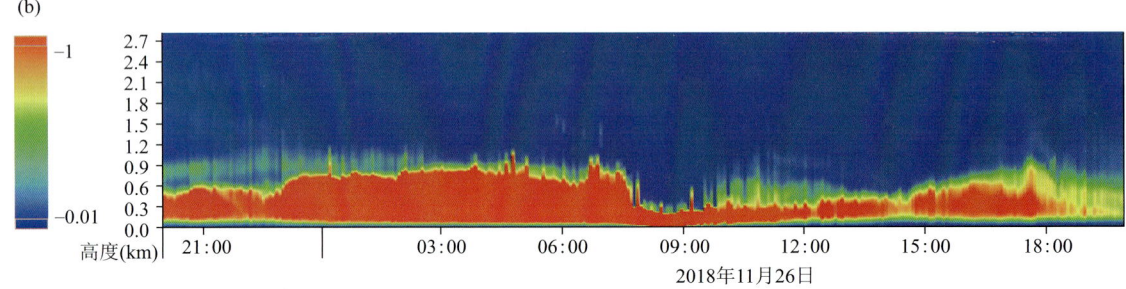

图 2.22 2018 年 11 月 24 日 20 时—25 日 20 时（a）, 25 日 20 时—26 日 20 时（b）聊城（周公河站）激光雷达垂直观测

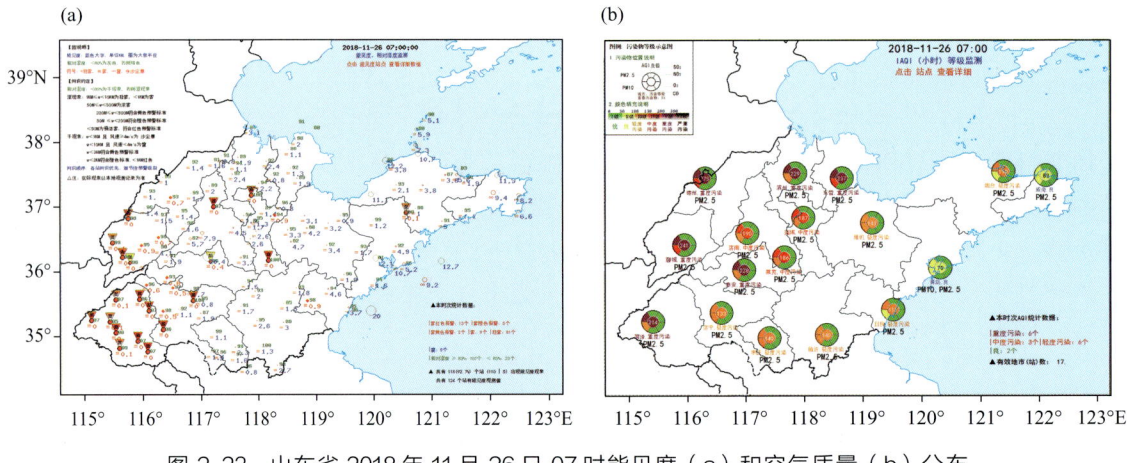

图 2.23 山东省 2018 年 11 月 26 日 07 时能见度（a）和空气质量（b）分布

北移至黑龙江北部，南部偏西气流中多波动，27 日 08 时沿四川省东南部有一南支槽，鲁西北地区恰处在北部低压槽槽底偏西气流与南支槽槽前西南气流交汇处，700 hPa 与 500 hPa 形式相配合。近地面，鲁西北与冀东南范围内地面风场有明显风向辐合（南、北风），风力较弱，造成污染物的扩散条件较差，26 日 20 时，辐合线恰处在两省交界处，26 日夜间污染再度加重。

结合 $PM_{2.5}$ 浓度变化图（图 2.24），随着地面冷高压逐渐东移，27 日早晨起，鲁西北从高压前侧偏北风转为高压底前东北风，鲁西北地区背临太行山脉，东北风在一定时间内造成污染物堆积，鲁西北地区污染浓度 27 日呈先增后减状态。与前期污染浓度先开始加重不同，

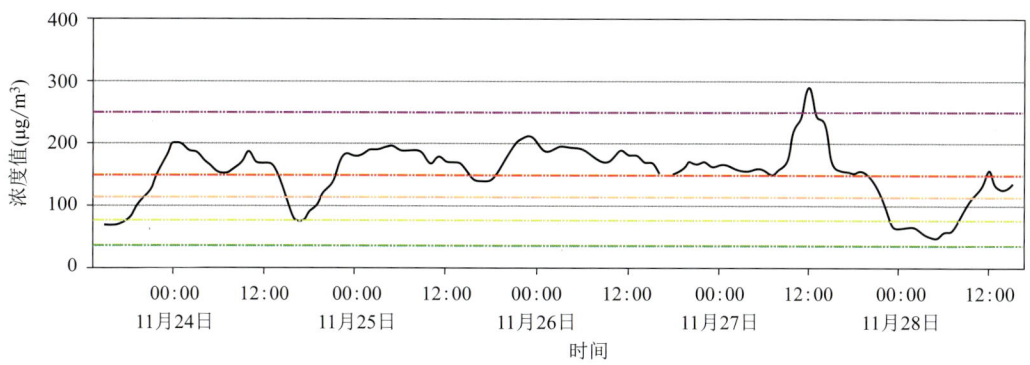

图 2.24　2018 年 11 月 23 日 15 时—28 日 15 时聊城（周公河站）离子色谱与 $PM_{2.5}$ 浓度值变化图

27 日早晨开始的污染由东北风上风的沿海地区开始加重，PM_{10} 的浓度有明显增加，甚至超过 $PM_{2.5}$ 成为主要污染物，此时 PM_{10} 与 $PM_{2.5}$ 浓度都非常高，鲁西北地区一度出现严重污染，并持续。直至 27 日下午，鲁西北地区自东北向西南污染才逐渐减轻。

总之，本次长时间的污染过程存在明显特征。第一，当弱冷空气南下造成近地表南北风向拉锯时，往往无法有效改善空气质量，反而使得局地的污染程度加重。第二，在受一定污染影响，且天气系统影响相对较弱的情况下，有明显日变化。空气质量较好（22 日、23 日）与污染较严重的时段（24 日、25 日、26 日）都有所体现，午后有所减轻，入夜则又开始加重，加重过程大致为自西向东、由内陆至沿海的趋势。27 日白天受明显东北风影响情况时，此种日变化便体现不出来了。22—23 日、23—24 日聊城周公河站点激光雷达图，可很好地表征这一现象。

2.5 本章小结

本章介绍了山东省气象部门环境气象监测系统，包括地面监测网以及遥感技术应用等。雾和霾属于地面气象观测要素，全省所有国家级地面气象观测站均开展观测，并逐步由自动观测替代了人工观测。山东 17 地市自 1989 年以来先后开始酸雨观测，自 2012 年 12 月以来先后开展了气溶胶观测。卫星是开展大范围、高分辨率雾和霾监测的主要手段，山东省气象局利用静止和极轨卫星分别研究开发了雾和霾实时监测系统，与地面实况监测互为补充，大幅提高了监测能力。另外，利用微波辐射计、激光雷达等新型探测系统开展垂直结构观测对于大气环境分析发挥了积极作用。

第 3 章　山东省大气环境时空分布特征

3.1 大雾和霾气候特征

3.1.1 大雾的时空演变特征

3.1.1.1　资料来源

选取 1971—2008 年具有完整观测的山东省 112 个国家级气象观测站（泰山站除外）大雾（此处大雾通指能见度小于 1 km）观测资料进行相关系数检验、均方差、变率等统计分析，大雾观测资料取自山东省气象信息中心。规定北京时 20 时至次日 20 时某站出现大雾就记为一个大雾日，山东省某日有一个站出现大雾就记为此日山东省出大雾，每日出现大雾站数≤总站数的 10% 为局地性大雾，超过 10% 而小于等于 1/4 的站数出现大雾为小范围大雾，超过 1/4 的站数出现大雾为大范围大雾。计算山东省每年平均大雾日数时采用各站年大雾日数之和除以总站数。

3.1.1.2　年平均大雾日的时空分布

（1）年平均大雾日的空间分布特征

统计表明，1971—2008 年山东有 8707 d（占总日数的 62.7%）出现大雾，大雾日较多。其中，局地性大雾占 71.8%，小范围大雾占 18.4%，大范围大雾约占 9.8%。超过半数台站的大范围大雾约占 2.6%，超过 2/3 台站的大范围大雾约占 0.9%。

由 1971—2008 年山东省年平均大雾日空间分布（图 3.1）看出，鲁东南、半岛地区南部是大雾发生较多的地区，年平均大雾日普遍在 24 d 以上（多在 24~40 d）。山东西部地区次多，年平均大雾日多在 20 d 以上。从东营、潍坊西部到莱芜、泰安，再到鲁南的济宁、枣庄一带的山东中部地区和半岛地区北部大雾日较少，年平均大雾日多在 16 d 以下，尤其枣庄、东营、莱芜附近大雾更少，分别每年只有 13 d、13 d、14 d。半岛地区北部的莱州大雾最少，年平均大雾日仅 8 d，一年最多有 17 d（1976 年、1992 年），一年最少是没有一天出现大雾（2005 年），山东中部地区的肥城市出现的大雾日数少，年平均大雾日 9 d，一年最多为 25 d（1979 年），一年最少有 2 d（1981 年、2008 年）。济南也属于大雾日数较少的地区，年平均大雾日为 18 d，一年最多有 33 d（1985 年），一年最少有 5 d（2008 年）。

年平均大雾日≥25 d 的地区主要有 5 个。

威海市：山东省大雾日出现的最多地区，全区年平均大雾日在 45 d，半数台站在 47 d

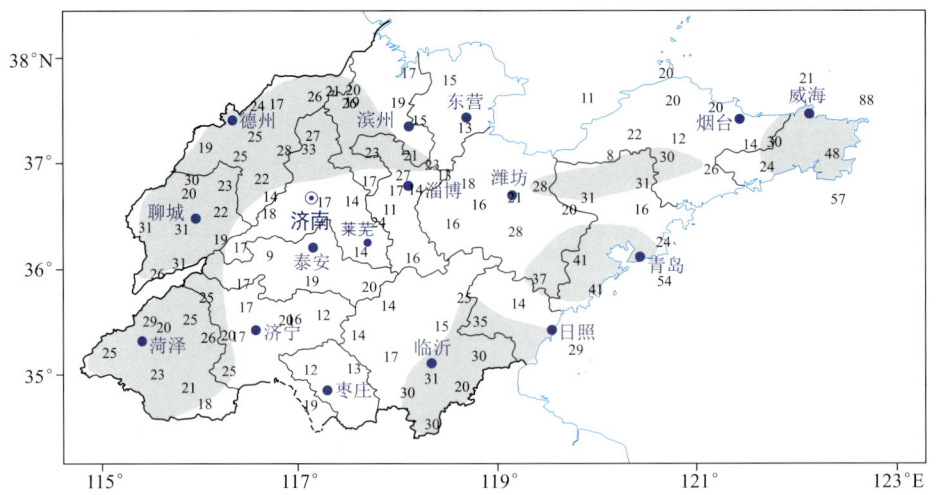

图 3.1　1971—2008 年山东 112 站年平均大雾日分布（单位：d，阴影区为大雾日多发区）

以上。其中成山头站年平均大雾日在山东省内最多（高山站泰山站除外），达 88 d，一年最多有 119 d（1998 年），一年最少有 62 d（1988 年），有"雾窟"之称；石岛次之，年平均大雾日为 57 d，一年最多有 93 d（1998 年），一年最少有 23 d（2007 年）。

青岛附近：包括青岛地区的胶州、胶南和潍坊东南部的安丘、诸城一带，年平均大雾日多在 40 d 以上，其中青岛市区年平均大雾日为 54 d，在山东省排第三，一年最多有 89 d（2006 年），一年最少有 33 d（1995 年）。

鲁东南沿海地区：主要指临沂地区东南部和日照南部，年平均大雾日多在 30 d 以上，其中莒县年平均大雾日为 35 d。

莱阳到潍坊的半岛内陆地区：年平均大雾日多在 30 d 左右，其中莱西年平均大雾日为 31 d。

山东西部：主要包括菏泽、聊城、德州、滨州大部分地区，年平均大雾日为 20～33 d，多在 25 d 以上，其中聊城一带年平均大雾日为 31 d。

（2）大雾日的时间分布特征

① 年际和年代际变化

图 3.2 为 1971—2008 年山东省年平均大雾日数时间序列。由图 3.2 可见，1972 年、1982 年、1985 年、1987 年、1990 年、1992 年、1993 年、1994 年、1998 年山东省大雾日数较多，大雾日均超过 25 d，其中，最多大雾日出现在 1985 年，为 34.3 d，次多在 1990 年，为 32.8 d，最少出现在 2005 年，仅为 13.5 d，1971 年次少，为 14.5 d，2008 年也比较少（第三少），为 16.2 d。山东大雾日数呈现 20 世纪 70 年代偏少、80 年代和 90 年代偏多，进入 21 世纪又明显减少的变化趋势。1981 年之后进入急剧增多期，由 1981 年的平均 15.7 d 迅速增加为 1982 年的 25.3 d，1985 年达到顶峰，为 34.3 d，20 世纪 80 年代中后期到 90 年代初期显著偏多，总体看呈现振荡中增加再降低趋势。

② 季和月际变化

利用 1971—2008 年 112 个观测站的大雾日资料统计得到的山东年平均大雾日数为 22.4 d，其中冬季年平均大雾日数最多为 7.3 d（占全年大雾日数的 32.6%），秋季次多为 6.1 d（占 27.2%），春季最少为 3.6 d（占 16.1%），夏季次少为 5.4 d（占 24.1%）。

第 3 章　山东省大气环境时空分布特征

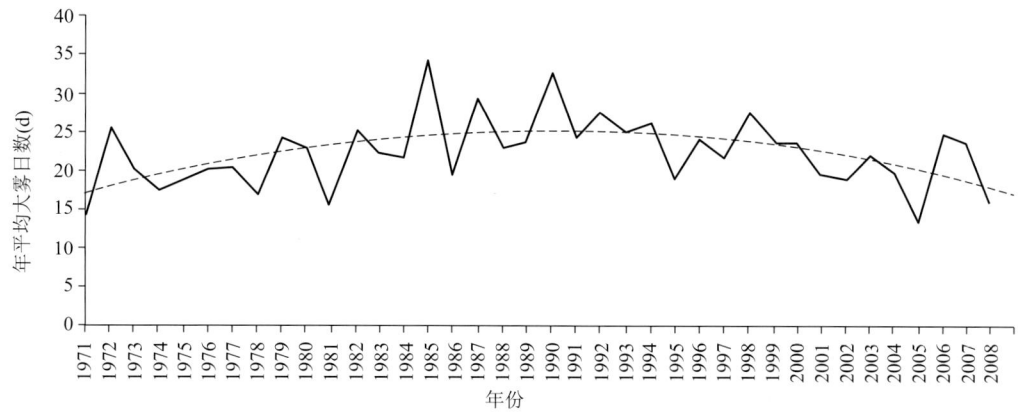

图 3.2　1971—2008 年山东省年平均大雾日数

选取聊城、济阳代表山东内陆地区，青岛、成山头作为山东沿海代表站，东营为渤海湾沿岸代表站，从山东省及内陆城市、沿海城市、渤海湾沿岸站各月平均大雾日数图（图 3.3）看出：山东省各月平均大雾日的分布是 12 月大雾日数最多，11 月次多，3 月最少，4 月次少，7、8 月有相对多的峰值，呈现双峰谷型。内陆城市聊城、济阳和渤海湾沿岸站东营具有相似的变化规律，呈现单峰谷型，聊城、济阳 1 月、11 月和 12 月大雾日较多，是大雾日的高峰时期，3—7 月较少，处于谷底。沿海城市青岛、成山头具有相似的变化规律，亦呈现单峰谷型，与内陆地区不同的是峰谷恰好颠倒过来，青岛、成山头大雾日峰值在 7 月，9 月至次年 2 月（冬半年）大雾日较少，9—11 月是全年大雾最少时段，可见，青岛、成山头以海雾为主。东营 1 月、2 月、11 月和 12 月大雾日较多，是大雾日的高峰时期，

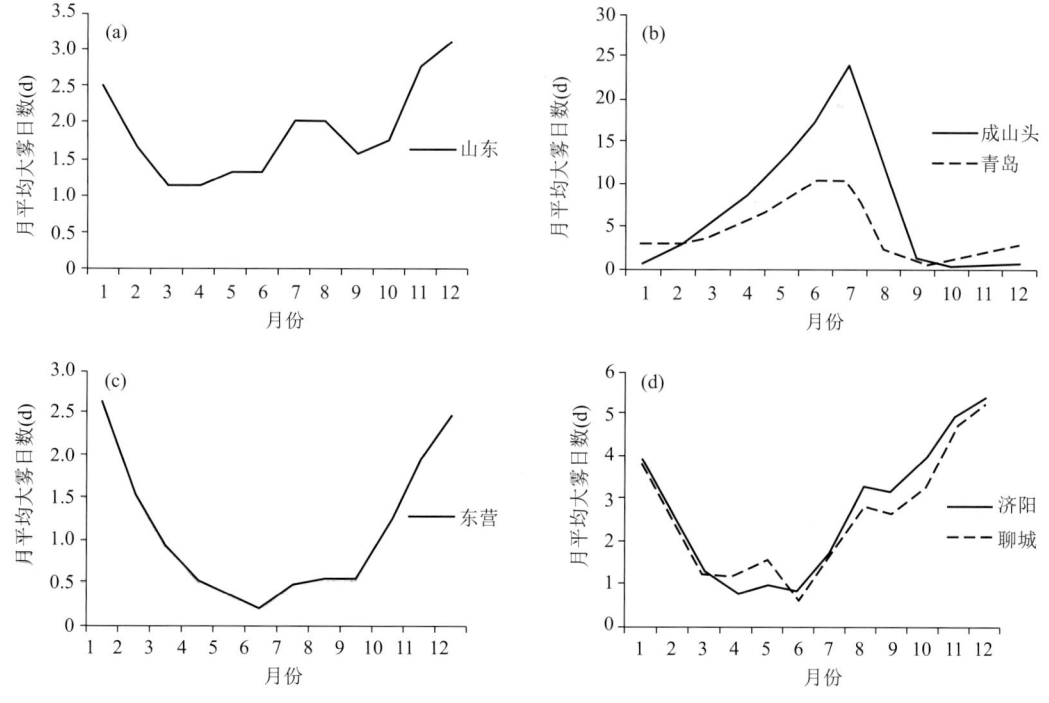

图 3.3　山东省（a）、沿海城市代表站（b）、渤海湾沿岸代表站（c）和
内陆城市代表站（d）各月平均大雾日数（单位：d）

1月大雾日最多，4—9月较少，6月最少，与内陆城市聊城、济阳大雾日月变化规律类似，与沿海城市青岛、成山头大雾日月变化规律差异明显，由此看来渤海湾沿岸地区以内陆辐射大雾为主。沿海与内陆大雾的分布季节时间具有明显的不同，内陆大雾日秋冬季多，而海雾则主要出现在4—7月。山东冬季大雾表现为内陆辐射大雾的特征，夏季海雾特征突出，总体上看山东以内陆辐射雾为主。

③ 日变化

山东内陆大雾多为辐射雾，一般在午夜至清晨时间最易出现，日出前达到最强，日出后逐渐消散，持续时间一般为1~2 h，短的持续几十分钟，长的持续时间为4~5 h，最长可持续几天。对济南测站1971—2008年能见度小于1000 m的大雾，就开始时间、持续时间、结束时间进行了统计，大雾产生于20时至次日08时12 h内的占总次数的88%，其中开始于03—08时的次数占总次数的74.5%，尤以05—07时为最多。大多数大雾在07—14时结束，占总数的65%~74%，08—11时大雾消散频率较高。大雾的产生、维持、消亡与大气的温度、湿度关系密切，由相对湿度公式和克劳修斯-克拉珀龙方程通过一定变换，当温度$T=273$ K时，可得到下式：

$$\frac{\mathrm{d}f}{f} = \frac{\mathrm{d}e}{e} - 19.5\frac{\mathrm{d}t}{t} \tag{3.1}$$

式中，f为相对湿度，e为水汽压，t为温度。

由式（3.1）可以看出，水汽压的增加和温度的降低均能使相对湿度增大。但急剧增湿的情况较难发生，而骤然降低气温的情况易于出现。山东各地一般在凌晨气温最低，饱和水汽压最低，相对湿度增大，所以凌晨是最有利于形成大雾的时段，日出以后，随着太阳高度角增加，温度迅速增加，相对湿度明显减小，山东内陆辐射雾一般在上午减弱消散，大雾主要发生在夜间到清晨。大雾的日变化与温度的日变化较为一致，从20时开始气温开始下降，到05时一般温度降到最低，日出前相对较低的气温使地面空气很容易达到饱和，从而形成辐射雾；日出以后温度逐渐升高，大雾开始消散，到正午12时温度急剧增加，大部分大雾趋于消散，能见度较低的大雾相对持续时间要长一些。平流雾多出现在春夏季节的山东沿海地区，持续时间长，白天和夜间出现大雾次数非常接近，沿海的青岛00—08时是大雾形成的主要时段，08—16时是大雾消散的主要时段，90.7%的大雾持续时间小于13 h。济南大雾产生和消散次数在一天内分布曲线（图3.4）恰好反映了温度与大雾的密切关系。

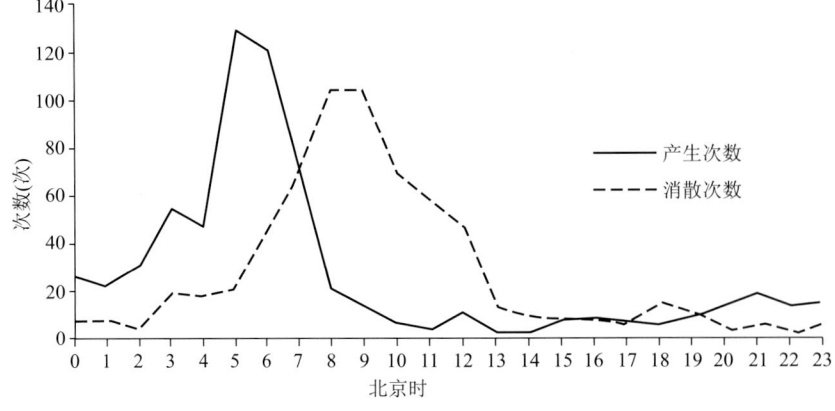

图3.4　1971—2008年平均的济南大雾产生（实线）和消散次数（虚线）逐时变化

(3) 山东各区域间大雾日的变化特点

计算山东各站大雾日和山东平均大雾日的相关系数,绘制出相关系数的空间分布图(图 3.5),从中可以看出山东省都是一致的正相关区,通过 95% 置信度检验的临界值为 0.330,大多数区域(相关系数在 0.4 以上)大雾日变化趋势显著,特别是山东西部(德州南部、聊城、菏泽)相关系数在 0.6~0.8,滨州和潍坊一带正相关也非常明显(相关系数 0.6 以上),山东省年平均大雾日数多的半岛南部地区和鲁东南沿海地区虽与山东整体变化趋势一致,但是相关性特别差,多在 0.2~0.4,枣庄到蒙阴一带是山东省相关最不显著的地区,相关系数在 0.3 以下,蒙阴最低为 0.2。山东大部分地区具有显著大雾日年变化趋势一致性的特点。半岛南部地区和鲁东南沿海地区多出海雾,但范围较小,山东内陆多是辐射雾,所以山东的大雾主要以辐射雾为主,造成半岛南部地区和鲁东南沿海地区同山东大雾日相关性差。除去半岛、鲁东南沿海地区和东营、滨州一带,山东内陆地区大雾日变化与山东省平均大雾日变化的相关性呈现出多大雾日地区变化显著、少大雾日地区变化不显著的特点,例如聊城和菏泽附近相关系数最大,枣庄、蒙阴附近最小。因此,可以用鲁西北多大雾日地区大雾日的变化趋势判断山东整体大雾日趋势变化情况。

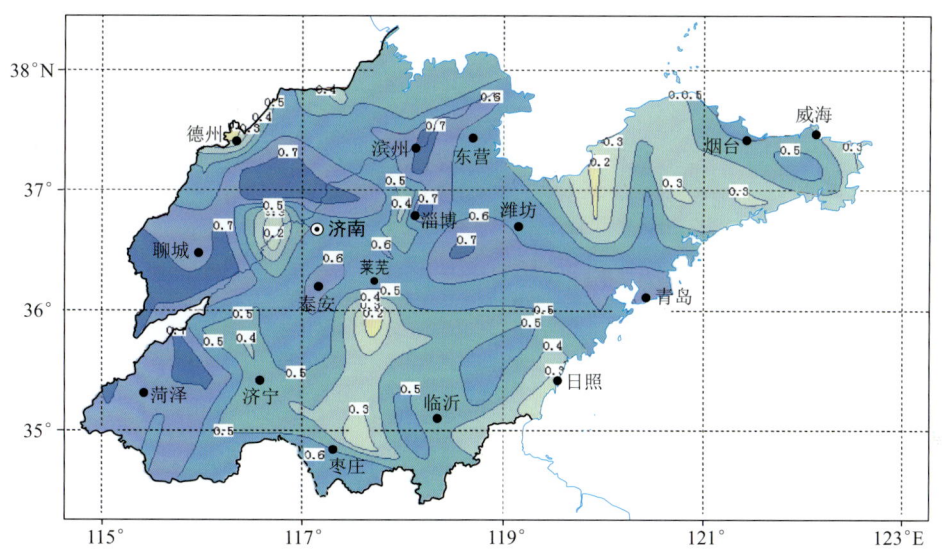

图 3.5 山东省各站大雾日长期变化与山东省大雾日平均变化的相关系数分布

(4) 大雾日数分布的年际稳定性

分析大雾日数均方差 S 的空间分布(图略)发现,与年平均大雾日数的分布基本一致,从临沂、诸城、莱阳到成山头一线的鲁东南和半岛南部地区,以及包括菏泽、聊城、德州在内的山东西部地区这些多大雾区是年际变化大的区域。最大的区域位于诸城、胶州一带,S 为 18.6 d,可能与其地形(多为丘陵山地)有关,其次是鲁中山地有一孤立的新泰,S 为 14.7 d,但范围较小。聊城附近一带 S 为 14.6 d,是年际变化第三大。山东年平均大雾日最多的地方成山头 S 为 13.8 d,其附近 S 大值仅为 14.3 d,是年际变化第四大。海雾多发地青岛 S 仅为 11 d。山东中部和半岛北部少大雾区年际变化小,S 在 5~8 d,大雾年际变化最小的区域在枣庄的滕州一带,S 为 3.8 d,次小是半岛北部的莱州,S 为 4.3 d,黄河口的东营年际变化比较小,S 为 5.2 d。多年平均大雾日绝对变率与均方差的分布一致。

总之，山东大雾日较多，多局地性大雾、小范围大雾，大范围大雾日比较少（占 9.8%，其中超过半数台站的大范围大雾约占 2.6%，超过 2/3 台站的大范围大雾约占 0.9%）。

山东省主要有 5 个大雾区：威海市、青岛附近、鲁东南沿海地区、潍坊到莱阳的半岛内陆地区、山东西部地区（包括菏泽、德州、聊城和滨州大部）。前面四个区域主要集中在鲁东南和半岛地区，受海洋影响较大。山东中部地区和半岛北部地区大雾日较少。

山东大雾日数呈现 20 世纪 70 年代偏少、80 年代和 90 年代偏多。1981 年之后进入急剧增加期，1985 年达到顶峰，20 世纪 80 年代中后期到 90 年代初期显著偏多，总体看呈现振荡中增加再降低趋势。山东区域具有显著大雾日年变化趋势一致性的特点，山东内陆多地区大雾日年变化与山东省年平均大雾日变化有很好的相关性。可以用鲁西北地区大雾趋势变化判断山东整体大雾日趋势变化情况。

沿海大雾与内陆大雾的季节分布时间具有明显的不同，山东内陆大雾多发生在秋冬季，春夏季较少，鲁东南沿海和半岛南部沿海地区大雾多发生在春夏季，秋天最少。山东各月平均大雾日数分布为 12 月最多，11 月次多，3 月最少，4 月次少，7 月、8 月有相对高的峰值，呈现双峰谷型。山东以内陆辐射大雾为主。

3.1.1.3 陆雾地面气象要素特征

（1）水汽特征

郭俊建等（2020）研究结果显示近地面层充沛的水汽是形成大雾的必要条件，湿度越大，越有利于大雾的形成。由图 3.6a 可以看出，当出现大雾时，温度露点差（$t-t_d$）小于 0.5 ℃ 的比例为 35%，0.5～1 ℃ 的比例达 38%，$t-t_d \leqslant 1$ ℃ 的比例达到 73%；大雾在 2 ℃ 以上的温度露点差占比为 6%。浓雾、强浓雾和特强浓雾的温度露点差类似，尤其强浓雾和特强浓雾基本相同，表现为 0.5 ℃ 以下的比例最大，分别为 64%、83%、83%，其次是 0.5～1 ℃，占比分别为 32%、17%、17%，$t-t_d \leqslant 1$ ℃ 的比例分别达到 96%、99%、99%，三者的占比均高于大雾。由此可见，雾的强度越大，温度露点差越小。

图 3.6b 显示，辐射雾发生时相对湿度和温度露点差的变化规律基本一致。各等级雾的相对湿度（RH）在 97% 以上的占比均最高，大雾、浓雾、强浓雾和特强浓雾分别为 ≥34%、62%、79% 和 76%，相对湿度在 95%～97% 的占比分别为 24%、26%、18% 和 20%；相对湿度 RH≥95% 的占比各达到了 58%、88%、97% 和 96%。相对湿度在 90% 以下的占比，只有大雾达到了 12%，浓雾、强浓雾和特强浓度的占比均不足 1%。

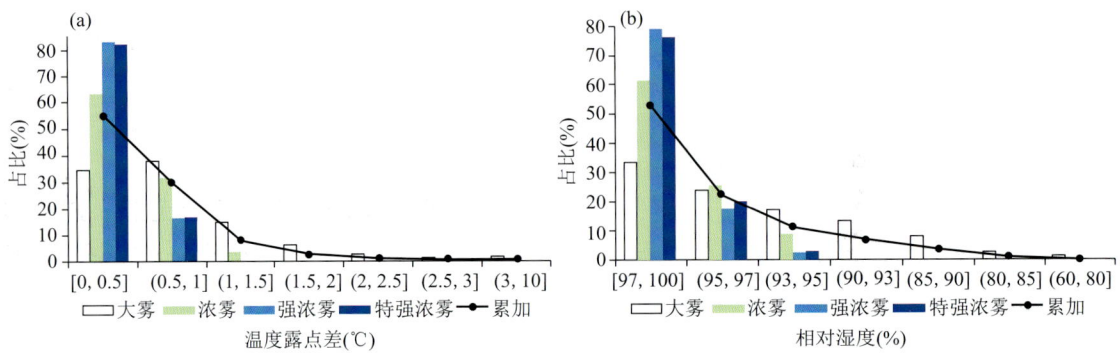

图 3.6 2016—2019 年山东区域不同等级辐射雾的温度露点差分布（a）和相对湿度分布（b）

由此可见，随着辐射雾强度的增强，对温度露点差和地面相对湿度的要求越来越高。出现大雾时的温度露点差主要在 2 ℃以下，相对湿度大于 90%；出现浓雾、强浓雾和特强浓雾时的温度露点差小于 1 ℃，相对湿度大于 95%。

（2）温度特征

夜间辐射雾发生时，往往晴空少云，地面有效辐射强、散热迅速，近地面气温逐渐下降，有利于水汽凝结成雾。为了定量刻画夜间降温情况，计算了不同能见度等级条件下 20 时气温与次日最低气温的差（图 3.7a）。结果显示，降温幅度在 2～6 ℃时最有利于大雾、浓雾、强浓雾和特强浓雾发生，占比 70%左右；其次是降温幅度在 2 ℃以下，占比在 18%～22%；降温幅度为 6～8 ℃占比最小，在 13%左右。各等级雾的最有利降温幅度略有差异，大雾、浓雾、强浓雾占比排在前 3 位的气温差在 2～5 ℃，特强浓雾在 3～6 ℃，表明雾的强度越强降温幅度越大。

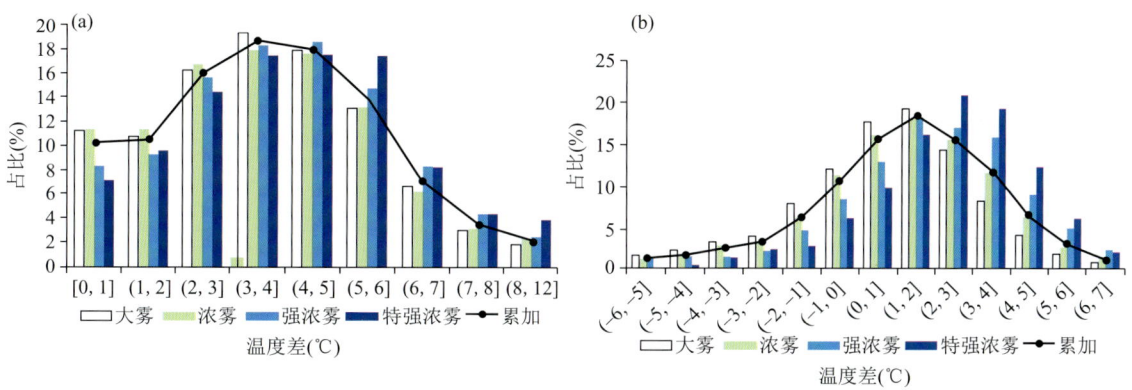

图 3.7　2016—2019 年山东区域不同等级辐射雾 20 时（a）和 14 时（b）气温与次日最低气温温度差

露点温度从下午到夜间的变化对于雾的形成影响较大，故实际预报业务中，预报员常将 14 时的露点温度作为次日大雾预报的参考指标之一。统计分析 14 时露点温度与次日最低能见度时露点温度的温差（图 3.7b），发现大雾和浓雾发生比例最高的露点温度温差均为 1～2 ℃，占比为 18%～19%，0～1 ℃温差次之，占比 16%～18%，0～4 ℃温差累加比例为 59%～61%；强浓雾发生比例最高的温差也是 1～2 ℃，占比为 18%，占比排在第 2、3 位的分别是 2～3 ℃、3～4 ℃，各为 17%和 16%，0～4 ℃温差间隔 1 ℃占比超过 10%，累加比例为 63%；与前 3 个等级雾不同的是，特强浓雾发生比例最高的露点温度温差为 2～3 ℃，占比达 21%，其次是 3～4 ℃，占比为 19%，0～5 ℃温差累加占比为 77%。除此以外，各等级雾的露点温度温差在 5 ℃以上的占比在 5%～9%，占比较小；小于 0 ℃的累加占比中，大雾、浓雾、强浓雾和特强浓雾分别为 31%、27%、19%和 13%，其中大雾和浓雾在 −1～0 ℃的占比分别达到了 12%和 11%，说明大雾和浓雾在露点温度升高 1～2 ℃的情况下也可以出现。

以上分析表明，辐射雾形成前气温和露点温度均存在不同程度的下降，雾的强度越强降温幅度越大。20 时气温与次日最低气温温差在 2～6 ℃时、14 时地面露点与最低能见度时刻地面露点的温差在 1～5 ℃最有利于辐射雾的发生。

（3）风速特征

风速（v）的统计结果显示（图 3.8），各等级雾的风速特征基本类似。地面风速在 1～

2 m/s 的占比最高，在 42%～58%，雾浓度越大，该占比越高；其次是 $v\leqslant 1$ m/s 的风速，占比在 22%～26%；各等级雾风速为 2～3 m/s 的占比在 14%～22%，累计 3 m/s 以下的风速比例在 88%～98%；风速在 5 m/s 以上的占比不超过 1%。从各等级雾的风速大小比较，基本表现为雾的等级越高，风速越小。大雾和浓雾的风速基本相同，有 96% 的时次出现在 4 m/s 以下；出现特强浓雾时，98% 的时次风速 $v\leqslant 3$ m/s，当风速大于 6 m/s 时不再出现特强浓雾。

综上所述，山东辐射雾发生时风速一般小于 3 m/s，1～2 m/s 最有利，能见度越低风速越小。

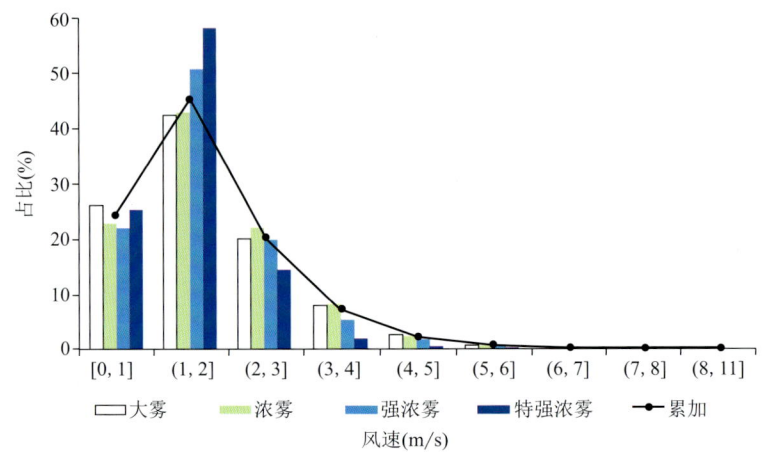

图 3.8 2016—2019 年山东区域不同等级辐射雾风速特征

3.1.2 大范围持续性大雾、霾特征

3.1.2.1 2015 年初冬山东省能见度与空气质量概况

2015 年初冬（11—12 月），山东大气能见度整体较差，平均能见度值处于一个比较低的水平（图 3.9），发生了多次大范围持续性大雾和霾天气。11—12 月期间山东省气象台共发布雾和霾的各类预警信号 24 期，其中包括 2 期大雾橙色预警信号，7 期大雾黄色预警信号，8 期霾黄色预警信号，5 期霾橙色预警信号和 2 期霾红色预警信号（12 月 23 日和 12 月 24 日）。23—24 日山东大部分区域能见度极低，部分地区能见度不足 1000 m，到处灰蒙蒙一片，不见天日，影响恶劣，为此山东省气象台首次发布了霾红色预警信号，省政府也启动了重污染天气红色预警响应。

分析山东同期空气质量相关数据，表明该期间山东空气质量整体较差（图 3.10），空气质量指数 AQI 全省平均值为 144.5。山东十七地市，AQI 日均最大值超过 400 的有淄博、聊城、德州、菏泽、济宁、东营、济南等七市，其中淄博最大为 480（图略），接近爆表（注：AQI 大于 500 为爆表）；威海最小为 75。中西部地区重度以上污染天气天数多（图 3.11），其中，德州、聊城、菏泽、淄博重度以上污染等级天气超过 20 天（聊城最多，26 天，占比超过 42.6%），济宁、济南、泰安、东营、滨州等五市重度以上污染天气超过 15 天，威海、烟台、青岛、日照四市重度以上污染天气少于 10 天（威海最少，3 天），其他地市重度以上污染天气在 10—15 日。首要污染物以 $PM_{2.5}$ 为主，AQI 与 $PM_{2.5}$ 的相关高达 0.987。

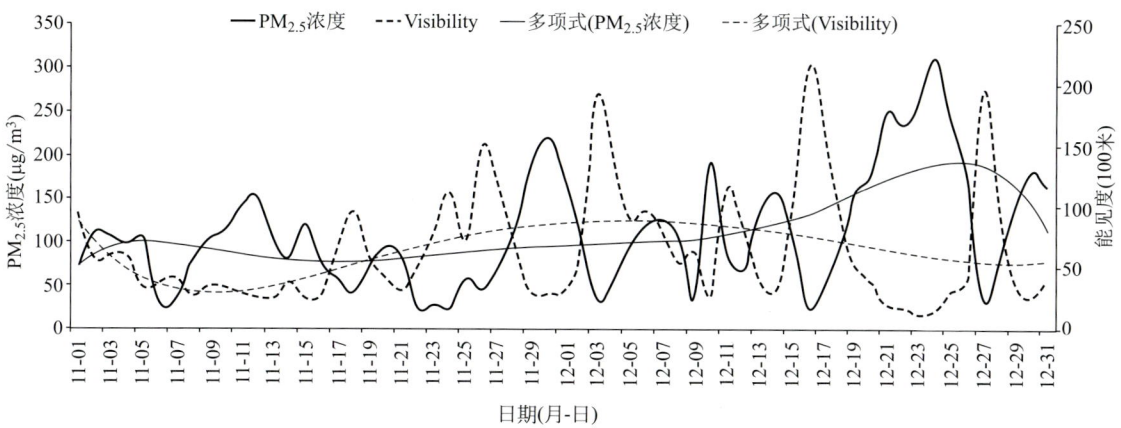

图 3.9　2015 年 11 月 1—12 月 31 日全省 $PM_{2.5}$ 浓度
（实线）、能见度（虚线）日平均值的时间序列

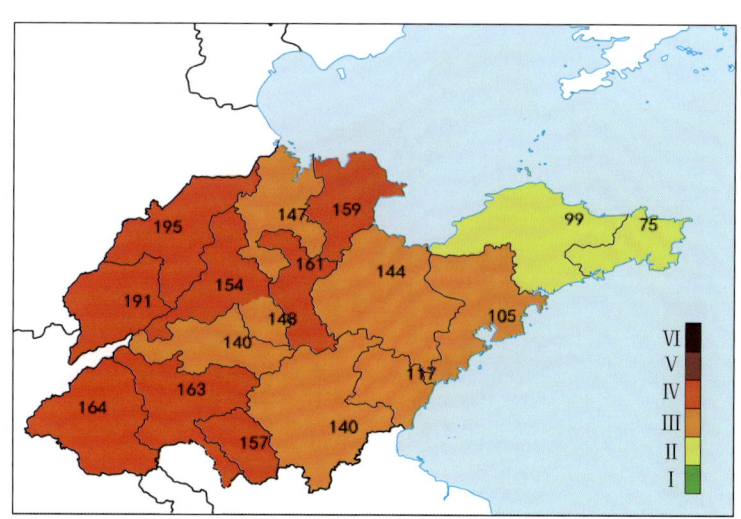

图 3.10　2015 年 11 月 1 日—12 月 31 日 17 地市 AQI 日平均值分布

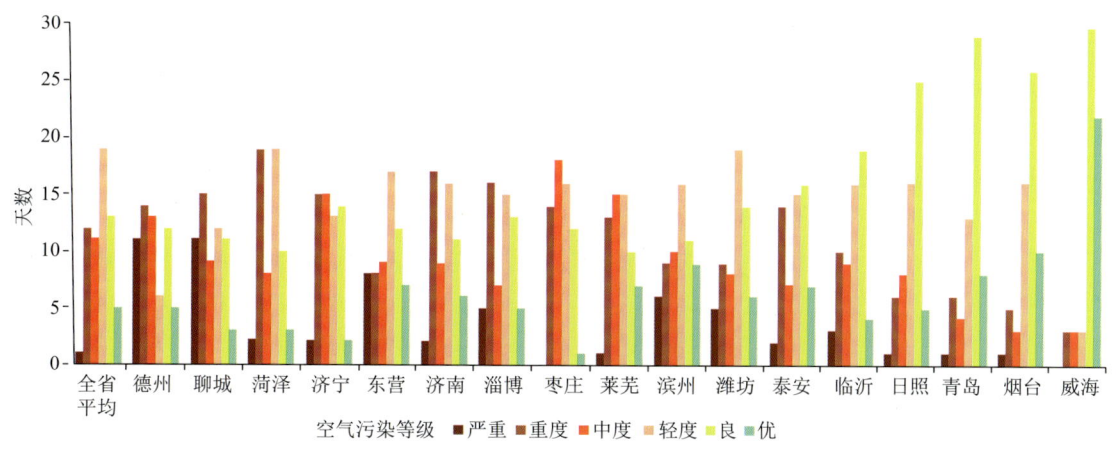

图 3.11　山东各市 2015 年 11 月 1 日—12 月 31 日空气质量等级天数分布

图 3.9 是山东全省日均 $PM_{2.5}$ 浓度和日均能见度随时间演变曲线，可以清楚地看出两者存在明显的负相关关系，高的 $PM_{2.5}$ 浓度值对应着低的能见度值，低的 $PM_{2.5}$ 浓度值对应着高的能见度值，两者之间的相关系数为 -0.60，通过 99% 置信度检验。山东全省日均 AQI 与能见度的六次多项式拟合曲线也呈现出明显的负相关关系（图 3.9）。由此可见 2015 年初冬山东持续性大雾和霾天气与空气质量状况密切相关，更确切地说与大气中细颗粒物 $PM_{2.5}$ 浓度密切相关，其生消机制与重污染天气的生消机制有相似之处，但不完全相同。

3.1.2.2　2015 年 12 月下旬持续性大雾天气过程特征及成因

由图 3.9 可见 12 月 18 日开始，山东能见度逐渐降低；23—24 日达到最低，24 日早晨全省大部地区能见度在 1 km 以下，其中鲁西北、鲁中和鲁南的部分地区能见度低达 100 m 以下，相对湿度也较大（RH>90%），形成强浓雾天气（图 3.12），给交通和人们生活造成严重影响；25 日夜间起能见度逐步增大，大雾天气趋于结束。

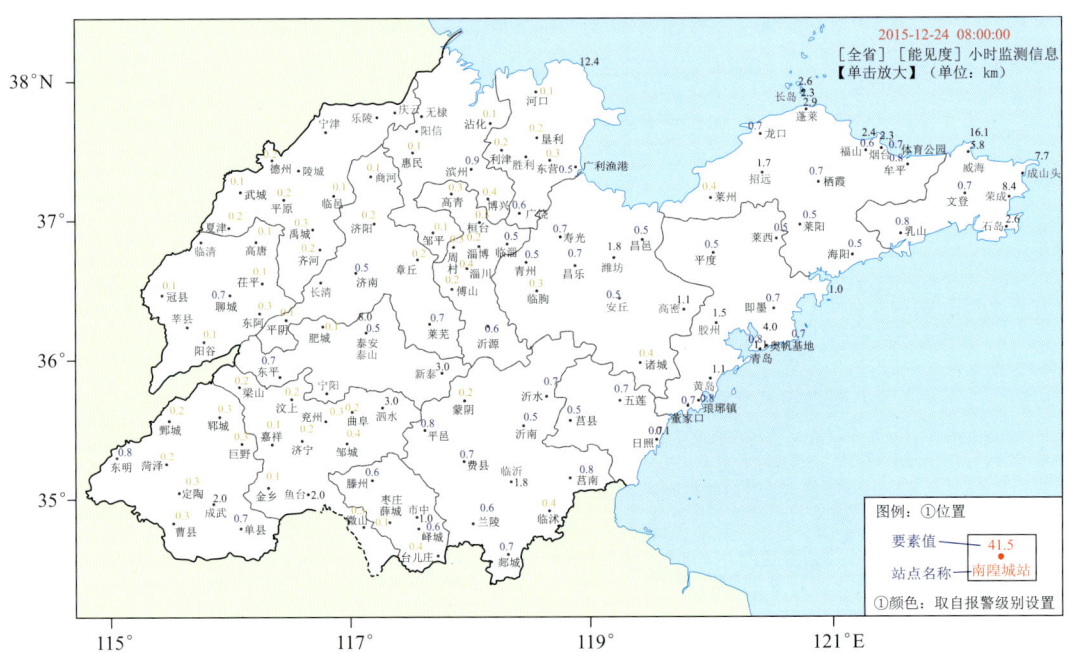

图 3.12　2015 年 12 月 24 日 08 时山东能见度（单位：km）分布
（黄色数字为能见度低于 500 m 的强浓雾）

分析相应空气质量状况显示，空气质量 AQI 或 $PM_{2.5}$ 浓度表现为与能见度相反的演变过程，18 日山东空气质量由优良等级转为轻度污染，19—24 日山东空气质量逐步下降，重污染区也是自西北向东南地区扩展，24 日达到最重，全省大部地区达到重度—严重污染等级（图 3.13）；25—26 日是空气质量逐渐转好的阶段，27 日我省大部地区再次回归优良状态。

选济南（图 3.14）为代表站，分析逐小时能见度与 AQI 值、相对湿度、平均风速之间的相关性，结果显示能见度与空气质量 AQI 和相对湿度之间为明显的负相关，相关系数分别为 -0.531 和 -0.639；与平均风速的之间存在正相关，相关系数为 0.247，即大雾天气易出现在小风速的情况下，当然小风速的情况下也易出现污染物积累，进而导致大气中污染物浓度的增加。由此可见此次山东大范围持续性大雾和霾天气成因比较复杂，是发生在静稳大气状态下，伴随有大气重污染的一次低能见度天气过程，与大气污染密不可分，两者之间并不是简单的线性相关，非线性特征比较明显。

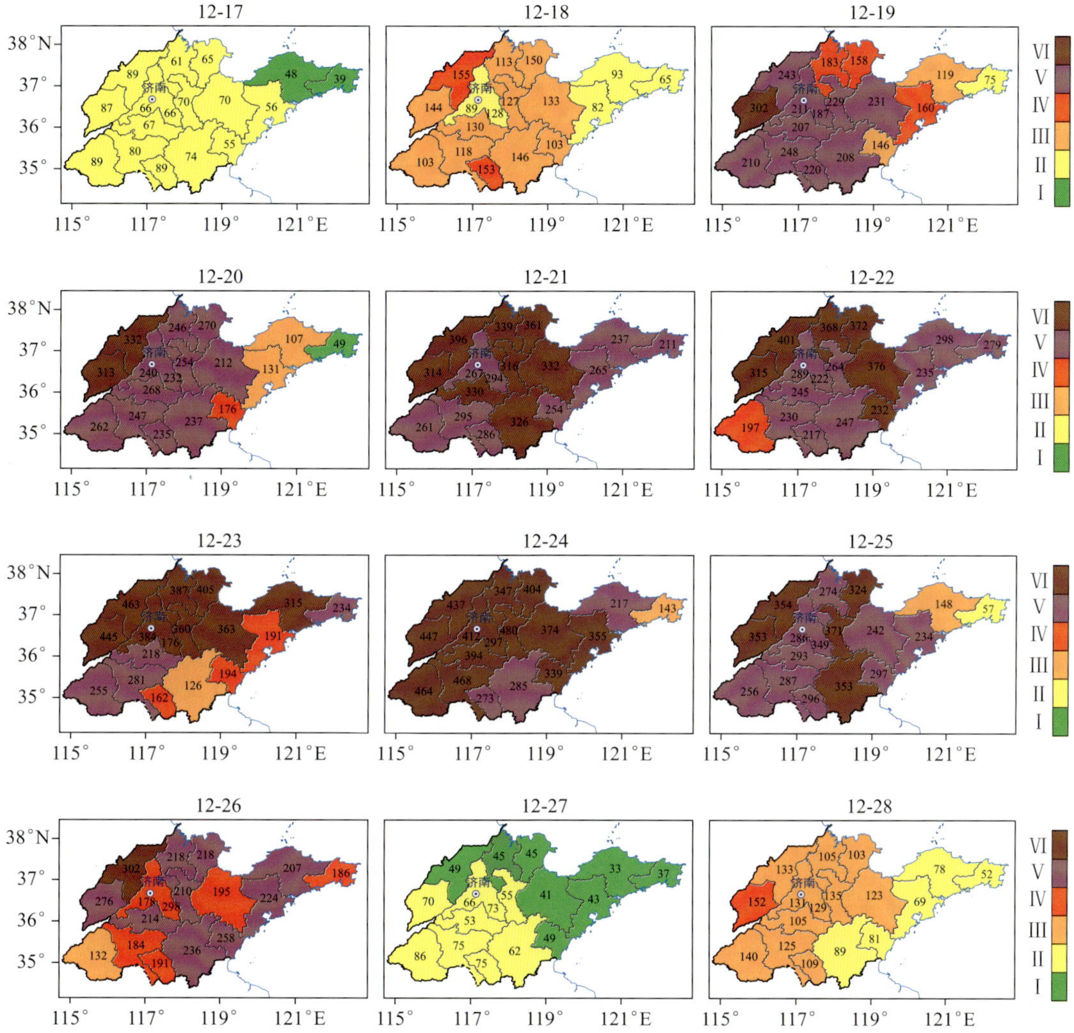

图 3.13 2015 年 11 月 1—12 月 31 日鲁西北、鲁西南、鲁中及全省 AQI 的日平均值

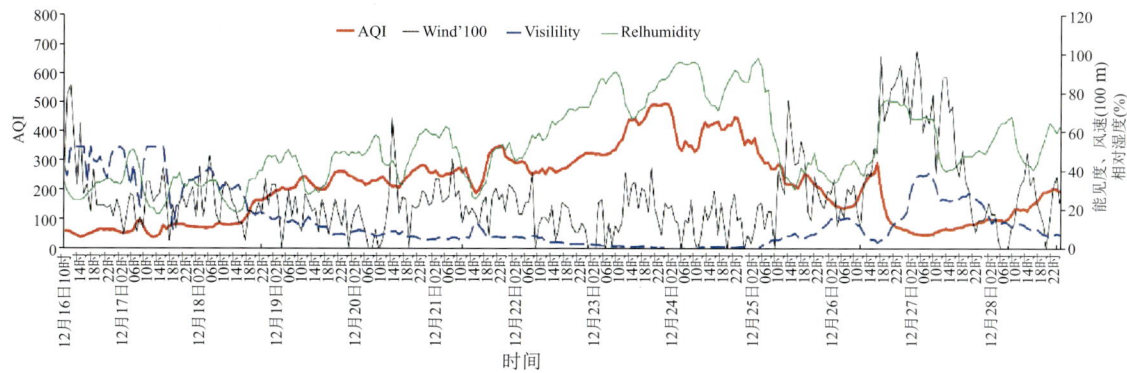

图 3.14 2015 年 11 月 1610 时—28 日 22 时济南 AQI（红色实线）、风速（黑色实线）、能见度（蓝色虚线）和相对湿度（绿色实线）逐小时演变曲线

3.2 海雾时空分布特征

海雾是指在海上生成的雾,即海上低层大气层中悬浮的大量水滴和冰晶凝结使大气水平能见度降至 1 km 以下的天气现象。海雾在海上形成后,会向风的下风方扩展,因此海雾可以登陆影响沿海地区,甚至深入内陆。海雾不仅影响海上作业、海上军事活动,对海上以及沿海地区的交通安全也有严重的影响,是海上及沿海地区灾害性天气之一。

本节基于近年来海雾的相关研究成果,就山东海雾的时空分布特征以及青岛沿海海雾的相关统计特征作一综合分析。

3.2.1 山东沿海海雾时空分布特征

山东省境域包括半岛和内陆两部分,其中山东半岛位于渤海与黄海之间,黄海是我国海雾发生较多的海区,以平流冷却雾为主,即暖空气流经冷海面时发生凝结产生的大雾。1971—2000 年中国沿海地区年平均雾日空间分布表明,从鲁东南到半岛东部成山头雾日数逐渐增多,其中青岛附近年平均雾日可达 50 d 以上,成山头可达 80 d 以上,两个多雾中心之间乳山为一相对少雾区,只有 20 多天。另外,渤海雾日较少,年雾日数不足 20 d,所以濒临渤海的山东半岛北部沿海地区雾日相对较少(张苏平 等,2008;江敦双 等,2008;曲平 等,2014)。

就 2014—2017 年 4—7 月青岛及近海雾日空间分布(图 3.15)而言,海上雾日要多于沿海地区,越靠近沿海地区雾日逐渐减少,潮连岛附近海域雾日为 40 d 左右,沿海地区 20~30 d,深入陆地雾日迅速减少。

海雾除在空间上分布不均匀外,在时间上存在多尺度特征,包括季节变化、年际变化和日变化。

(1) 季节变化。中国沿海大雾季开始时间以及大雾日最多月出现的时间由南向北逐渐推迟。由逐月大雾日来看,山东半岛南部及黄海中部海雾主要出现在 4—7 月,成山头及黄海北部海雾主要出现在 4—8 月,渤海海雾主要出现 4—7 月(张苏平 等,2008;江敦双 等,2008)。青岛多年平均逐月雾日分布表明,11 月—次年 3 月平均每月雾日 2 d 左右,4—7 月雾日逐渐增加,由 4 月平均雾日 6 d 增加到 7 月平均雾日 10 d,8 月雾日迅速减少,9—10 月雾日平均不足 1 d(图 3.16)。

(2) 年际变化。海雾除存在显著的季节变化特征外,也存在年际变化。以青岛为例,每年春季、夏季海雾日数差异较大。如青岛 6—7 月海雾多年为 1987、1993、1996、2001、2006、2008 年,雾少年为 1982、1983、1992、1995、1997、2007 年。研究结果表明,长江口以东的东海海域是影响青岛近海夏季海雾多寡的水汽来源关键区域(122°~130°E,28°~32°N)(张苏平 等,2008;白慧 等,2010)。此外,春季海雾也存在明显的年际变化。以青岛 2006—2018 年逐年 4 月雾日统计结果来看,平均雾日为 5.4 d,最多年 2012 年 4 月雾日